当代视角下的智能农业

薄丽秀　张鹏祥　王建民◎编

中国农业科学技术出版社

图书在版编目（CIP）数据

当代视角下的智能农业 / 薄丽秀，张鹏祥，王建民编 . -- 北京：中国农业科学技术出版社，2020.7

ISBN 978-7-5116-4819-8

Ⅰ . ①当… Ⅱ . ①薄… ②张… ③王… Ⅲ . ①智能技术 - 应用 - 农业技术 Ⅳ . ① S-39

中国版本图书馆 CIP 数据核字 (2020) 第 111407 号

责任编辑 闫庆健　王思文　马维玲

责任校对 贾海霞

出 版 者 中国农业科学技术出版社

北京市中关村南大街 12 号　邮编：100081

电　　话（010）82106625（编辑室）（010）82109704（发行部）

传　　真（010）82106625

网　　址 http: //www.castp.cn

经 销 者 各地新华书店

印 刷 者 北京建宏印刷有限公司

开　　本 787 mm×1092 mm　1/16

印　　张 15.5

字　　数 238 千字

版　　次 2020 年 7 月第 1 版　　2020 年 7 月第 1 次印刷

定　　价 48.00 元

《当代视角下的智能农业》编委会

副主编：

盛兆云　　山东省邹城市北宿镇农业综合服务中心
王祥宝　　山东省济宁市兖州区农业农村局
吴星星　　浙江省丽水市景宁畲族自治县农业农村局
王志江　　辽宁省沈阳市沈北新区兴隆台街道办事处
任忠伟　　天津市静海区静海镇综合服务中心
胡云宇　　榆林市横山区农业技术推广中心
马存琴　　宁夏泾源县农业技术推广服务中心
宋保军　　鹤壁市农产品检验检测中心

参　编：

王海涛　　黑龙江省齐齐哈尔市克东县润津乡农业综合服务中心
张华丽　　湖北省当阳市玉阳农业服务中心
田　梁　　云南省景东彝族自治县生物科技服务中心
杨英吉　　河北省邢台市隆尧县农业农村局农技堆广中心
余金良　　安阳市农产品质量安全检测中心

前　言

随着物联网等信息技术的强力渗透，信息流的“无孔不入”以及智能化的快速发展，农业逐渐转变为以物联网、大数据、云计算、人工智能等技术为支撑和手段的一种现代农业形态，是继传统农业、机械化农业、信息化农业之后的更高阶段的农业发展阶段，即智能农业阶段。将农业多功能性所内含的教育文化、历史传承等非经济功能彰显出来，带动农业生产回嵌资源环境，达到“人类回嵌自然”的生态文明新时代。在智能农业阶段，人们充分运用物联网、大数据、云计算、移动互联网、空间信息技术、人工智能（以机器人为代表）等新一代信息技术，对土地、劳动力、资金、技术、市场、信息等各种农业要素进行重新配置与优化，实现对大田种植、设施园艺、畜禽养殖、水产养殖、农产品物流等农业行业的数字化设计、在线化处理、智能化控制、精准化运行、无人化作业和科学化管理，使农业实现大区域范围内整体优化配置，使农业的生产方式、经营方式、管理方式和服务方式跃升到一种新的形态。在这种形态下，农业高产、高效、优质、生态、安全、智能，这也代表了农业今后发展的方向。

本书首先介绍了智能农业的发展背景、智能农业构建的 6 个维度、智能农业大数据、典型农业机器人，然后分别从种植业、畜牧业、渔业、市场、旅游、管理、农民生活等方面简要分析了智能农业的基本内涵、技术体系和基本特征，最后提出了我国智能农业的发展目标和主要战略措施。希望本书能对农业领域的同行有所启迪。本书可供农业领域的各级管理者及相关人员学习使用，也可供农业信息化相关专业的在校师生参考。

编　者

2020 年 5 月

目录

第一章　中国智能农业发展背景

中国农业经历了原始农业、传统农业、信息农业、智能农业的逐渐过渡。智能农业充分应用现代信息技术成果，集成应用计算机与网络技术、物联网技术、音视频技术、3S技术、无线通信技术及专家智慧与知识，实现农业可视化远程诊断、远程控制、灾害预警等智能管理。本章从人工智能在农业领域的应用历程与智能农业发展趋势两方面阐述了智能农业作为一种高新技术与农业生产相结合的产业，是农业可持续发展的重要途径，通过高科技手段进行投入和生产管理，获取资源的最大节约和农业产出的最佳效益，实现农业的科学化、标准化、定量化和高效化。

第一节　人工智能在农业领域中的应用历程

人工智能（Artificial Intelligence，AI）是研究、开发用于模拟、延伸和扩展人类智能理论、方法、技术及应用系统的一门学科。人工智能是计算机科学的一个分支，它试图了解智能的实质，并生产出一种新的能以人类智能相似方式做出反应的智能机器。该领域研究包括机器人、语音识别、图像识别、自然语言处理和专家系统等。人工智能自诞生以来，理论和技术日益成熟，应用领域也不断扩大，农业是其重要的应用领域之一。

现代农业的发展已离不开以人工智能为代表的信息技术支持，人工智能技术贯穿农业生产的产前、产中、产后，以其独特的技术优势提升农业生产技术水平，实现智能化的动态管理，减轻农业劳动强度，展示出巨大的应用潜力。将人工智能技术应用于农业生产中，已经取得了良好成效，比如农业专家系统，农民可利用它及时查询在生产中所遇到的问题；农业机器人可代替农民从事繁重的农业劳动，在恶劣的环境中持续劳动，大大提高农业生产效率，节约劳动力；计算机视觉识别技术能用于检验农产品的外观品质，检验效率高，可替代传统人工视觉检验法，从而提高农业劳动效率。

人工智能在农业领域中的应用发展历程可以分为以下几个阶段。

一、萌芽期（20 世纪 70 年代末至 80 年代末）

20 世纪 70 年代末，以美国为代表的欧美国家率先开始了农业信息化的应用研究，以专家系统为代表的人工智能应用开始在农业领域萌芽。专家系统之父爱德华·费根鲍姆（Edward A.Feigenbaum）提出：农业专家系统（Agriculture Expert System，AES）也称为以知识库为基础的系统（Knowledge Based System，KBS），是一个（或一组）智能计算机程序，运用人工智能并集成了地理信息系统、信息网络、智能计算、机器学习、知识发现、优化模拟等多方面高技术，汇集农业领域知识、模型和专家经验等，采用适宜的知识表示技术和推理策略，运用多媒体技术并能以信息网络为载体，向农业生产管理提供咨询服务，指导科学种田，在一定程度上代替农业专家，对于提高作物产量、改善品质、提高农业管理的智能化决策水平具有重要意义。这一阶段的发展研究，以欧美国家及日本等发达国家为主，开发系统主要是面向农作物的病虫害诊断。最早是美国伊利诺伊大学的植物病理学家和计算机学家于 1978 年共同开发的大豆病害诊断专家系统 LPANT/ds。20 世纪 80 年代中期至 80 年代末，农业专家系统从单一的病虫害诊断转向生产管理、经济分析决策、生态环境、农产品市场销售管理等。如 COMAX/GOSSYM 是美国最为成功的一个农业专家系统，用于向棉花种植者推荐棉田管理措施。日本对人工智能在农业上的作用给予了高度重视，开发了很多系统，如东京大学番茄栽培管理专家咨询系统、培养液管理专家系统、温室黄瓜栽培管理专家系统等。

从这一阶段开始，农业机器人和计算机视觉技术等人工智能技术也开始应用于农业领域，并取得了一定的成果。1985 年，学者扎亚斯（Zayas）等通过采集种子的图像，利用种子表面光的特性，基于统计图像的处理分析与识别技术来区分小麦品种。1986 年，古斯卡兰（Gunasekaran）等在对玉米籽粒裂纹的研究中发现，运用计算机视觉检测技术中的高速滤波法可将裂纹与其他部位进行识别区分，检测精度高达 90%。在农产品分级与加工方面，早在 1984 年，泰勒（Thylor）等运用模拟摄像机和线扫描仪进行苹果自动损伤判定试验，证明了将计算机视觉技术应用于自动分级的可行性。在随后几年中，泰勒等不断开展此方面的相应研究，但其分级效率仍较低。1985 年，萨卡（Sarkar）等首次将数字图像分析与模式识别技术运用于番茄的品质分级，并取得了较好的精确度，但缺点是速度较慢。1989 年，迈乐（Miller）等在桃的分级研究中，运用图像亮度校正和区域分割的方法，采用近红外方式对没有明显边缘损伤的图像进行识别，其自动分级效果达到了当时美国农业部的相关标准，并得到推广应用。20 世纪 80 年代，我国农业专家系统开始起步，虽起步较晚，但发展很快，涉及作物栽培、品种选择、育种、病虫害防治、生产管理、节水灌溉、农产品评价等方面。在 20 世纪 80 年代初，浙江大学进行过蚕育种专家系统的研究，1985 年由中国科学院人工智能所开发的“砂姜黑土小麦施肥专家咨询系统”在安徽省淮北平原得到很好的推广应用。其后，各地高校、研究所和农科院相继开发了许多农业专家系统。

二、快速发展期（20世纪90年代）

20世纪90年代，伴随着人工智能技术的蓬勃发展，人工智能在农业中的应用也进入快速发展期。在专家系统领域，陆续出现了美国哥伦比亚大学的梯田专家系统、日本的温室控制专家系统、英国ESPRIT支持下的水果保鲜系统、德国的草地管理专家系统、埃及农垦部支持的黄瓜栽培与柑橘栽培生产管理专家系统、希腊的6种温室作物病虫害和缺素诊断的多语种专家系统等。为加快农业专家系统开发效率，一些辅助农业专家系统开发的平台应运而生，如CALEX SELECT、PALMS、MICCSFARMSCAPE、PCYield、GLA & NUTBAL、WHEATMAN等。这些平台大大缩短了专家系统开发的周期，成为农业专家系统研究的重要方向。

这一阶段计算机视觉技术在农业中取得了较大进展，如在农产品分级方向，1992年，研究者在玉米籽粒的分类中引入了神经网络方法来提高其分类的准确率。1994年，对玉米粒的颜色及表面缺陷进行实时分级研究，其分级速度仍较慢。1997年，通过图像处理技术获取三维信息的方法对玉米籽粒进行分级，但该系统的检测精度及速度离实际应用仍有较大距离。1998年，将彩色图像处理技术运用于番茄品质的分级，其分级效率高于人工检测。1999年，以粗糙集理论作为模式分类工具，通过计算机视觉技术检测评价蚕豆品质，其分类结果具有较好的一致性。在农产品加工应用中，有研究者于1991年开始研究鲜虾图像的形态学和频谱特征，发现根据频谱特征确定去头下刀位置较为有效，为鲜虾去头加工自动化提供了可靠依据。1995年，学者莫康奈尔（Moconnell）等利用计算机视觉技术对颜色的识别来控制烘烤食品质量，并取得了较好效果。此外，有研究者对机器视觉技术运用于饮料容器质量检测的可行性进行了研究。还有研究者提出将图像处理算法应用于鳍类鱼的加工。1998年，有学者运用计算机视觉技术进行鸡肉中骨头碎片及污染物的无损快速检测，并研制出相关设备。在植物生长监测方向，1995年，有学者利用机器视觉和近红外光连续采集植株图像，成功分析得出其白昼的生长率。1996年，卡萨迪（Casady）等利用数字图像处理技术获得了水稻植株的高度等形态特征信息，使利用计算机视觉获得植株高度成为可能。在农作物病虫害检测方向，1995 年，沃贝克（Woebbecke）等研究发现叶片的形态学特征可用于识别双子叶与单子叶植物，准确率在 60% ～ 80%；此外还发现，根据彩色图像的 RGB 特征能很好地区分非植物与植物的背景，从而将其运用于田间杂草的探测控制。Zhang 等提出同时使用形状和颜色分析识别小麦田间杂草的方法。1997 年，吉尔斯（Giles）等研制出一种带有机器视觉导向系统的喷雾装置，能对成行作物实施精量喷雾，该系统不仅节约农药提高施药效率，还可大大减少对环境的污染。基于机器视觉的杂草识别技术在国外已经进入实用阶段，1999 年，有学者研制出由计算机视觉系统、精准喷施系统等构成的智能杂草控制系统，该系统可根据植物形状特征的差异识别作物和杂草，确定杂草位置并进行精准喷施。Burks 等利用彩色共生矩阵法和神经网络技术对土壤和 5 种杂草进行识别研究，分类准确率达 93%。在机器人领域，融合了计算机视觉技术，果蔬采摘机器人成为农业人工智能的新方向。1991 年，日本 Kubota 公司成功研制出用于橘子采摘机器人的机械手。1995 年，周云山等将计算机视觉技术应用于蘑菇识别，使蘑菇生产从苗床管理到收获分类的全过程基本实现自动化，但离实际推广应用仍有一定距离。1996 年，近藤等研制出采用双目视觉方法定位果实的番茄采摘机器人，能准确识别果实与茎叶，但当可采摘番茄被茎叶遮挡时，机械手难以避开茎叶等障碍物完成采摘。1997 年，德田胜等研制出一套运用机器视觉技术检测西瓜成熟度的机器视觉系统，用于控制采摘机器人适时自动采摘西瓜。中国农业大学为国内农业机器人技术早期研发单位之一，研制的自动嫁接机器人已成功进行了试验性嫁接生产，解决了蔬菜幼苗的柔嫩性、易损性和生长不一致性等难题，可用于黄瓜、西瓜、甜瓜等幼苗的嫁接，形成了具有自主知识产权的自动化嫁接技术。

1996—2005 年，在国家“863 计划”的持续支持下，我国系统开展了以农业专家系统为核心的智能化农业信息技术应用示范工程，该项目以智能信息技术直接服务“三农”为目标，按照智能系统开发平台、共性关键技术、应用示范区和研发基地建设 4 个层次进行组织实施。全国共研发出了 5 个农业智能系统开发平台，超过 70 个应用框架，超过 200 个本地化农业专家系统，涉及粮食、果树、蔬菜、畜牧、水产等不同农业领域，建立了 23 个省级应用示范区，取得了重大的社会、经济效益，形成了我国特有的“电脑农业”，全面推动了我国农业智能信息技术的应用与发展。2003 年 12 月，“中国 863 电脑农业”（Agricultural Expert System in China）在日内瓦举办的世界信息首脑峰会上获峰会大奖（World Summit Award），标志着我国利用智能化农业信息技术改造传统农业作出的巨大贡献得到了世界范围内认可。

三、规模应用期（2000 年至今）

进入 21 世纪，农业劳动力不断向其他产业转移，其结构性短缺和老龄化趋势已成为全球性问题，通过人工智能技术提高生产力，成为农业领域的研究与应用热点，人工智能在许多农业领域出现了规模应用。

设施农业、精准农业和高新技术的快速发展，特别是人工作业成本的不断攀升，为农业机器人的进一步发展提供了新的动力和可能。果蔬采摘不仅季节性强、劳动量大，而且作业费用高，人工收获的费用通常占全程生产费用的 50% 左右，因此采摘机器人在日本、美国、荷兰等国家已有初步使用。例如，2000 年，荷兰农业环境工程研究所研制出移动式黄瓜采摘机器人样机，在实验室和温室中的采摘试验效果良好。范亨顿（VanHenten）等对温室黄瓜收获机器人机械手的运动结构进行优化设计，提出了一种运动机构优化与评价方法，结果显示，4 臂 4 自由度 PPRR 机械手最适合温室黄瓜的收获。该阶段计算机视觉的应用进一步成熟，2011 年，扎波托茨尼（Zapotoczny）采用神经网络的方法，对春、冬季不同质量等级的 11 个小麦品种进行试验，使用图像处理分析技术进行分类鉴别的准确率高达 100%。近十几年来，我国科研人员对计算机视觉技术在农作物种子质量检测的应用方面作了大量研究。2004 年，周红等运用计算机视觉技术提取玉米种子的外形轮廓，为玉米种子的进一步分级识别提供依据。2008 年，万鹏等提出利用计算机视觉系统代替人眼识别整粒及碎大米粒形的方法，并设计了一套基于计算机视觉技术的大米粒形识别装置，该装置对完整米粒、碎米的识别准确率分别为 98.67%、92.09%。在农产品分级方面，计算机视觉水果分级自动化系统得到了广泛应用，国外已将部分成果应用于实际生产中。2002 年，有学者成功研制出一种谷粒快速分级系统，每分钟检测 200 颗谷粒，其分级准确率达 98.9%。2011 年，马桑克尔（Mathanker）等发现使用机器学习分类器 AdaBoost 和支持向量机

（Support Vector Machine，SVM）的方法可提高核桃分级检测精度。我国将计算机视觉技术应用于水果等的检测分级虽相对较晚，但由于借鉴了其他国家的研究成果，发展速度比较快。研究大田作物病虫草害的自动识别与测定技术，建成自动化控制系统以防治田间杂草与病虫害，也是计算机视觉技术在作物生产中较为重要的应用研究领域。农业航空是现代农业人工智能应用的重要组成部分，农业无人机在美国、日本等发达国家早已应用在农田植被数据监测、农田土壤分析及规划、农田喷洒等多个方面。自2008年无锡汉和航空技术有限公司第一架植保无人机面市以来，我国农业无人机行业如雨后春笋般地发展起来，主要应用于土壤湿度监测、农田喷洒、植被覆盖度的监测等方向。

在这一时期，特别是2009年“感知中国”的目标提出后，作为人工智能集成应用的农业物联网和无人机开始迅速发展。物联网、移动互联、大数据、云计算、空间信息技术、智能装备技术开始进行深入融合，人工智能作为核心技术承担优化、决策的任务。2010年国家发展和改革委员会启动了物联网产业化规划，规划未来我国10～20年的物联网发展重大专项，其中将精细农牧业列为规划专项的一个很重要的内容。随后国家发展和改革委员会、农业部、财政部决定在黑龙江农垦开展大田种植物联网应用示范，北京市开展设施农业物联网应用示范，江苏省无锡市开展养殖业物联网应用示范，并将这3个项目作为国家物联网应用示范工程智能农业项目；农业部在天津、上海、安徽三省市组织实施了农业物联网的区域试验工程。这些国家和部委项目的实施，引领与促进了人工智能技术在农业领域中的规模化应用发展，提高了我国农业现代化水平。

人工智能技术在我国农业领域广泛应用，把农业带入数字化、信息化和智能化的崭新时代。但人工智能在农业领域应用研究任重而道远，离我们追求的目标还有很大距离，核心技术有待重大突破，应用成本需要大幅度降低。以人工智能技术为核心的现代信息技术及智能装备技术在农业领域的应用逐渐形成了现代农业发展的新业态——智能农业，这是农业未来的一场深刻变革。

第二节　智能农业发展趋势

智能农业按照工业发展理念，充分应用现代信息技术成果，以信息和知识为生产要素，通过互联网、物联网、云计算、大数据、智能装备等现代信息技术与农业深度跨界融合，实现农业生产全过程的信息感知、定量决策、智能控制、精准投入和工厂化生产的全新农业生产方式与农业可视化远程诊断、远程控制、灾害预警等职能管理，是农业信息化发展从数字化到网络化再到智能化的高级阶段，是继传统农业（1.0）、机械化农业（2.0）、信息化农业（3.0）之后，中国农业 4.0 的核心内容。简单地说：农业 1.0 是人力与畜力为主的传统农业，农业 2.0 是隆隆作响的机械化农业，农业 3.0 是高速发展的自动化农业，农业 4.0 是即将来临的智能农业。

一、从社会发展阶段来看农业 1.0 至农业 4.0

人类社会的发展，就是劳动者发挥聪明才智，不断创造新的劳动手段（劳动工具），去认识自然、适应自然和改造自然（作用于劳动对象）的过程。在不同的历史时期，人类社会通过使用不同功能的工具，来扩展和增强人类自身的功能，而这些工具本身也成为区分人类社会形态的基本标准之一，因此劳动工具的演变也体现了农业 1.0 至农业 4.0 的演变。

（一）农业 1.0 是农业社会的产物

农业 1.0 是以人力与畜力为主的传统农业，是农业社会的产物。在农业社会漫长的发展过程中，人类最重要的劳动工具是用以开发土地资源的各种简单手工工具和畜力，它们是对人类体力劳动的有限缓解，并没有从根本上把人类的生产活动从繁重的体力劳动中解放出来。纵观人类从业社会的发展，尽管生产工具从早期的石器、青铜器发展到后来的铁器，但从整体来讲，在农业社会，生产工具仍然是初级的工具，生产工具只是人体局部功能的有限延伸。

（二）农业 2.0 是工业社会的产物

以 1776 年蒸汽机的发明和使用为标志，人类社会的生产工具得到了革命性的发展，人类发明和使用了以能量转换工具为特征的新的劳动工具，机器代替手工工具，标志着人类工业社会的开始。在 300 多年的工业社会历程中，能量转换的工具实现了两次历史性的飞跃，均对人类社会生产及生活产生了极为深远的影响。瓦特蒸汽机的发明标志着人类工业社会的开始，蒸汽机把热能转换成机械能，出现了火车、轮船、纺织机械、印刷机械、采矿机械等，从而实现了生产工具的机械化，生产效率十倍、百倍地提高。在 19 世纪后半叶和 20 世纪初，电动机、内燃机的发明和使用，使工业革命进入到第二个高潮。内燃机与电力技术的广泛应用带动了包括冶金、电气、汽车、船舶等产业的发展，很快推动了以电气时代新技术为主导的电力工业、化学工业、汽车工业等一系列新兴产业的发展。与此同时，伴随着工业革命的发展，农业机械化工具不断出现，这直接催生了农业装备开始在农业广泛应用。

（三）农业 3.0 是信息社会的产物

20 世纪后期，随着微电子技术和软件技术的发展，人类社会改造自然的工具也开始发生革命性的变化，其中最重要的标志是数字技术使劳动工具自动化。工业社会以能量转换为特征的工具逐渐被信息化的工具所驱动，形成了信息社会最典型的生产工具，或者说信息技术与农业机械、装备和设施深度融合，实现农业数字化、精准化和自动化生产。如果说工业社会产生的劳动工具解放了人类四肢，而信息社会产生的劳动工具则解决了人脑有效延伸的问题，是一次增强和扩展人类智力功能、解放人类智力劳动的革命。

（四）农业 4.0 是智能社会的产物

21 世纪后期，随着人工智能和机器人技术的发展，人类社会改造自然的工具也开始发生革命性的变化，其中最重要的标志是劳动工具智能化，无人系统成为农业生产主要特征。工业社会以能量转换为特征的工具逐渐被智能化的工具所驱动，形成了智能社会最典型的生产工具——机器人。

如果说工业社会的劳动工具解决了人类四肢的有效延伸，而智能社会的劳动工具则解决了无人系统的作业问题，这将是一次增强和扩展人类智力功能、解放人类智力劳动的革命。智能工具在农业领域的扩散应用催生了农业 4.0，其典型特征是高速发展的智能化和无人化，为智能社会区别于信息社会的典型特征。

二、农业 1.0——人力与畜力为主的传统农业

农业 1.0 时代是以体力劳动为主的小农经济，依靠个人体力劳动及畜力劳动，人们根据经验来判断农时，利用简单的工具和畜力来耕种，主要以小规模的一家一户为单元从事生产，生产规模较小，生产技术和经营管理水平较为落后，抗御自然灾害能力差，农业生态系统功效低，商品经济属性较弱。

人类渔猎社会开始于 200 万年前，当时人类刚学会制造石刀、石斧与石锥等简单的生产工具，这就是旧石器时代。约 6 000 年前，人类开始掌握炼铜技术，从而进入青铜器时代，生产效率大大提高。到 4 000 年前，人类进一步掌握了炼铁技术，人类发明了各种工具，如锄头、刀、犁、斧等生产和生活工具，使得生产力进一步发展，人类从而进入铁器时代，这是农业 1.0 的萌芽，农业 1.0 时代在我国延续的时间极其漫长，整个农业 1.0 时代基本都是一个依靠农民自力更生、勤劳致富、单打独斗的时代。

改革开放后的 10 年里，我国农业仍然以个体农民为主体推动力量，通过精耕细作、化肥和农药的使用、农机的使用、培育使用良种等方式来提高农产品的产量。在那个物资相对短缺的年代，主要出售的虽然还是初级农产品，但是总能轻松卖出，农民能够过上相对富足的生活。

农业 1.0 时代，传统农业技术的精华在我国农业生产方面产生过积极的影响，但随着时代进步，这种小农体制逐渐制约了生产力的发展。这个阶段主要以“产量高”为目标，虽然比起现在动辄成千上万亩的农业项目来说大多还是“小打小闹”，但却为农业产业化奠定了基础。可以说，农业 1.0 主要追求的是农业耕种技术的“专”。

三、农业 2.0——隆隆作响的机械化农业

农业 2.0 时代是以“农场”为标志的大规模农业，是机械化生产为主、

适度经营的“种养大户”时代。农业 2.0 也被称作机械化农业，以机械化生产为主，运用先进适用的输入性动力农业机械代替人力、畜力生产工具，改善了“面朝黄土背朝天”的农业生产条件，将落后低效的传统生产方式转变为先进高效的大规模生产方式，大幅提高了劳动生产率和农业生产力水平。

20 世纪 90 年代以后，随着工业化浪潮在全国范围内的推进，以农产品深加工为核心业务的食品制造业蓬勃发展。但是，长期以来，农业生产、加工和销售三个环节互相脱节，导致农产品“买难”和“卖难”现象交替出现，使得农产品加工企业常常得不到稳定的原料供给，农民的利益也经常受到损害。于是，集农业生产、加工、销售为一体的“农业产业化”模式就成了改革开放后第二个 10 年的主旋律。

农业产业化其实主要就是深加工化、规模化、产业链化、市场化和品牌化，在龙头企业的带动下，分布在沿海、某些商品粮基地、鱼米水乡、物产丰饶或地广人稀的地区，也包括一些国有农场，通过诸如“公司 + 农户”“公司 + 基地 + 农户”“公司 + 合作社 + 农户”等形式率先形成了良好的经济和社会效益。

我国农业 2.0 时代以企业主为主要推动力量，农业产业化一方面既保持了家庭联产承包制的稳定，同时又通过延长产业链，发挥一体化组织的协调功能，在一个产品、一个产业、一个区域内形成了产品规模、产业规模和区域规模；另一方面在更大范围内和更高层次上实现农业资源的优化配置和生产要素的重新组合，提高了农业的比较效益，有利于在家庭经营的基础上，逐步实现农业生产的专业化、商品化和社会化。

这个阶段以“产值高”为目标，主要表现在农副产品深加工企业或食品制造企业向产业上游延伸，或者农业生产企业向产业下游延伸，提供给市场的已经不是初级农产品，而是加工后的农副产品或者食品。像中粮集团、北大荒集团、华龙集团、金健集团、汇源果汁、国联水产等都属此类型典型企业。因此，可以说，农业的 2.0 时代其实就是“一产 + 二产”的主流时代，农业 2.0 追求的是农业产值的“大”。

从我国看，我国 2018 年农业机械化率已超过 67%，到 2020 年年底，我国农业机械化率将突破 70%，也就是说农业 2.0 时代将在 2020 年完全实现。国家高度重视农业机械化发展，尤其是在农机购置补贴政策的驱动下，我国农业机械化取得了重大进展，2018 年农业机械化发展呈现农机规模有增长、结构有优化、薄弱环节有突破的特点，农机总动力突破 10 亿千瓦；市场需求大、供给缺口大的大中型拖拉机、联合收获机、插秧机、烘干机保有量增幅分别达到 7.4%、8.2%、6.0% 和 19.5%，远高于普通农机增速，主产区秸秆处理、高效植保、产地烘干能力明显增强；水稻种植和玉米、油菜、马铃薯、棉花收获等薄弱环节机械化率增幅均超过 3 个百分点，农业机械化正向着全面、全程、高质、高效发展。

从国际上看，1990 年美国的大田种植业、荷兰的设施蔬菜和花卉产业、比利时的畜牧业、挪威的水产养殖业是农业 2.0 的模板。以美国大田种植业为例，美国在 20 世纪 40 年代领先世界各国最早实现了粮食生产机械化；在 20 世纪 60 年代后期，粮食生产机械化水平更加提高，达到了从土地耕翻、整地、播种、田间管理、收获、干燥全过程机械化；20 世纪 80 年代初完成了棉花、甜菜等经济作物从种植到收获各个环节的全面机械化；20 世纪 90 年代，美国在种植业、设施农业、农产品加工等全部完成了农业机械化。

四、农业 3.0——高速发展的自动化农业

农业 3.0 是农业专业化整合时代，专业化整合是市场经济的产物，也可以说是全球化的产物。随着计算机、电子及通信等现代信息技术以及自动化装备在农业中的应用逐渐增多，农业步入 3.0 时代。农业 3.0 即自动化农业，是以现代信息技术的应用和局部生产作业自动化、智能化为主要特征的农业。通过加强农村广播电视网、电信网和计算机网络等信息基础设施建设，充分开发和利用信息资源，构建信息服务体系，促进信息交流和知识共享，使现代信息技术和智能农业装备在农业生产、经营、管理、服务等各个方面实现普及应用。与机械化农业相比，自动化程度更高，资源利用率、土地产出率、劳动生产率更高。

大约到了改革开放之后的第三个 10 年里，工业化和城市化同步快速发展。一方面，工业化生产的物资极大丰富，农副产品的销售成为企业不得不考虑的问题；另一方面，城市化吸引了几亿农民进城，乡村开始衰败，人口减少，大量空心村和耕地抛荒问题层出不穷，城乡差别加剧，农村再一次成为社会和政府不得不关注的焦点与难点。

从2004年开始，中央一号文件连续16年聚焦“三农”，开始从“三农”的制度体系、发展模式、鼓励政策、惠农补贴、实施保障等诸多方面引导农业的走向。于是乎，享受国家专项补贴的设施农业、工厂农业、高效农业等有之；以获得地方政府政策优惠的科技农业、生态农业、休闲农业、循环农业等也有之，可谓百花齐放。其中，这个阶段最受社会关注并取得实质性成果的要数蓬勃发展的休闲农业了。

这个阶段以“知名度高”为目标，出售的主要是优美的乡村环境和可靠放心的农产品。政府不仅取消了存在了几千年的农业税，而且直接利用财政资金改善了农村的道路、水电、村容村貌等硬件环境，全国范围内的知名新农村、新社区、美丽乡村、五星级农家乐、休闲农业示范点、乡村旅游名村等如雨后春笋般出现。可以说，农业的3.0时代其实就是“一产+三产”的主流时代。从我国看，农业3.0已经在我国萌芽，按照70%的覆盖率即视为完成，预计2050年我国可完成农业3.0。农业3.0以单一生产单元的自动化为主要特征，近几年，我国农业互联网、农业电子商务、农业电子政务、农业信息服务取得了如下几个方面的重大进展。

（1）生产信息化迈出坚实步伐。物联网、大数据、空间信息、移动互联网等信息技术在农业生产的在线监测、精准作业、数字化管理等方面得到不同程度应用。在大田种植方面，遥感监测、病虫害远程诊断、水稻智能催芽、农机精准作业等开始大面积应用；在设施农业方面，温室环境自动监测与控制、水肥药智能管理等加快推广应用；在畜禽养殖方面，精准饲喂、发情监测、自动挤奶等在规模养殖场实现广泛应用；在水产养殖方面，水体监控、饵料自动投喂等快速集成应用。国家物联网应用示范工程智能农业项目和农业物联网区域试验工程深入实施，在全国范围内总结推广了426项节本增效农业物联网软硬件产品、技术和模式。

（2）经营信息化快速发展。农业农村电子商务在东部、中部和西部竞相迸发，农产品进城与工业品下乡双向流通的发展格局正在形成。农产品电子商务进入高速增长阶段，2015年农产品网络零售交易额超过1 500亿元，比2013年增长2倍以上，网上销售农产品的生产者大幅增加，交易种类尤其是鲜活农产品品种日益丰富。农业生产资料、休闲农业及民宿旅游电子商务平台和模式不断涌现。农产品网上期货交易稳步发展。农产品批发市场电子交易、数据交换、电子监控等逐步推广。国有农场、新型农业经营主体经营信息化的广度和深度不断拓展。

（3）管理信息化深入推进。金农工程建设任务圆满完成并通过验收，建成国家级农业数据中心、国家农业科技数据分中心及32个省级农业数据中心，开通运行33个行业应用系统，视频会议系统延伸到所有省份及部分地市县，信息系统已覆盖农业行业统计监测、监管评估、信息管理、预警防控、指挥调度、行政执法、行政办公7类重要业务。农村土地确权登记颁证、农村土地承包经营权流转和农村集体“三资”管理信息系统与数据库建设稳步推进。农业部行政审批事项基本实现网上办理，信息化对种子、农药、兽药等农资市场监管能力的支撑作用日益增强。农产品质量安全追溯体系建设快速推进。建成中国渔政管理化和“船、港、人”管理的精准化。农业各行业信息采集、分析、发布、服务制度机制不断完善，创立中国农业展望制度，发布《中国农业展望报告》，市场监测预警的及时性、准确性明显提高。农业大数据发展应用开始起步。

（4）服务信息化全面提升。“三农”信息服务的组织体系和工作体系不断完善，形成政府统筹、部门协作、社会参与的多元化、市场化推进格局。农业部网站及时准确发布政策法规、行业动态、农业科教、市场价格、农资监管、质量安全等信息，日均点击量860万人次，成为最具权威性、最受欢迎的农业综合门户网站，覆盖部、省、地、县四级的农业门户网站群基本建成。12316“三农”综合信息服务中央平台投入运行，形成部省协同服务网络，服务范围覆盖到全国，年均受理咨询电话逾2000万人次。信息进村入户工作在全国展开，公益服务、便民服务、电子商务和培训体验开始进到村、落到户。基于互联网、大数据等信息技术的社会化服务组织应运而生，服务的领域和范围不断拓展。

从国际角度看，美国当今的大田种植业、荷兰当今的设施蔬菜和花卉产业、比利时当今的畜牧业、挪威当今的水产养殖业即为农业3.0的模板。以美国大田种植业为例，大农场成为美国农业物联网技术的引领者，在农业物联网技术推广中起着示范作用，研究显示，美国大农场对技术的采用率高达80%，主要利用在以下几个方面：①在智能灌溉方面，通过无线传感器网络收集土壤成分数据及其他环境要素来减少水的浪费；②利用物联网技术监测农作物病虫害等信息，及时帮助农场主采取应对措施；③很多农业机械装有传感设备，方便农民获取信息和进行决策；④物联网技术还可以用于粮仓的自动化管理，农民可以使用它远程管理玉米、种子等散装货物库存。

五、农业 4.0——即将来临的智能农业时代

农业 4.0 是资源软整合的农业。在互联网时代，农业通过网络、信息等进行资源软整合，在大数据、云计算、互联网、传感器、机器人基础之上形成智能农业，尤其是以全链条、全产业、全过程的无人系统为特征。农业 4.0 是利用农业标准化体系的系统方法对农业生产进行统一管理，所有过程均是可控、高效的；农业服务提供者与农业生产者之间的信息通道通过农业标准化平台实现对接，使整个过程中的互动性加强。农业 4.0 可以通过网络和信息对农业资源进行软整合，增加资源的技术含量，提升农业生产效率和质量。

随着我国在“三农”领域多年“摸着石头过河”式的探索，基本上解决了绝大部分农村地区的温饱问题、危房改造、环境整治、吃水用电、交通设施等硬件问题，并在农业的科技研发、惠农政策补贴、农民的观念改进等方面取得了很大的进步。不管是城市人还是农村人，以市场需求为导向，投身农业农村的创业积极性空前高涨，特别是在大城市周边和景区周边，已经形成热点，在个别环节、个别领域和个别区域，农业 4.0 时代已经悄然来临。

首先，农业 4.0 表现为一、二、三产业的“三产”融合互动。通过把产业链、价值链等现代产业组织方式引入农业，更新农业现代化的新理念、新人才、新技术、新机制，做大做强农业产业，形成很多新产业、新业态、新模式，培育出了新的经济增长点，即发展“第六产业”。第六产业做的不是简单的“1+2+3”，而是综合乘数效应。

其次，农业 4.0 表现为农业、农村和农民的“三农”融合互动。农业根植于农村，养育着农民，“三农”共生共存，就像人身体的肌肉、骨骼和血液一样不可分割，任何将三者孤立开来的考虑和发展最后都会失败。不管是家庭农场、专业大户、农民合作社、农业产业化龙头企业都必须放在“三农”的背景下，通过发展农业 4.0，带动农村的乡土文化复兴，带动农民的富裕小康，实现“三农”的统筹发展。

再次，农业 4.0 还表现为生产、生活和生态的“三生”融合互动，以

及城与乡、工与农、知识与资本、线上与线下等社会多要素的融合互动。在三产融合、三农融合的基础上，投资者和经营者还要置身于时代大背景和消费大环境下，开发实现以城带乡、以工促农、生活工作两不误、知识和资本平等互换、线上和线下共同营销推广的泛农产品。农业 4.0 不仅提供的内容是丰富的，模式也是多样的，诸如乡村文创、互联网技术、众筹、私人定制、绿色共享理念等都将成为农业 4.0 时代的标签。

农业 4.0 是靠知识和资本推动的，是以先进的发展理念和商业模式为前提，以新技术、新机制、新人才和新资本下乡为内容，以城乡统筹和社会资源大融合为目标的现代化“三农”解决方案。农业 4.0 以全社会“共赢共享”为目标，出售的不再是某一系列农村产品，而是一种让人向往的乡村生活方式。不管是参与、共享，还是体验、购买，均伴随着一种情怀。因此，农业 4.0 追求的是体验的“广”，旨在打造一个泛农业的生态圈，充分进行资源的软整合。

从信息化的角度看，农业 4.0 具备以下特征。

（1）农业 4.0 是无人的生产系统。农业 4.0 的最核心技术是人工智能和无人系统技术，农业物联网使得物与物、物与人之间的联系成为可能，使得各种农业要素可以被感知、被传输，进而实现智能处理与自动控制。运行在农业生产活动中的不再是传统的农具和机械，而是通过物联网技术连接起来的自动化设备，传感器、嵌入式终端系统、智能控制系统、通信设施通过信息物理系统形成一个智能网络系统，可实现种植、养殖环境信息的全面感知，种植、养殖个体行为的实时监测，农业装备工作状态的实施监控，现场作业的自动化操作以及可追溯的农产品质量管理，使得农业装备、农业机械、农作物、农民与消费者之间实现互联，“互联网 +”农业的特征日趋明显。

（2）农业 4.0 是信息技术的集成。农业发展过程中的电脑农业以农业专家系统为核心，精准农业以 3S 技术为核心，数字农业以电子技术和决策支持系统的应用为核心，但本质上都不需要整个信息技术的集成应用，而农业 4.0 的实现靠单一的信息技术是完不成的，其实现需要整个信息技术集成应用，包括更透彻的感知技术、更广泛的互联互通技术和更深入的智能化处理技术，实现农业全链条中信息流、资金流、物流的有机协同与无缝连接，农业系统更加有效和智能的运转，达到农产品竞争力强、农业可持续发展、有效利用农村能源和环境保护的目标，凸显整体系统的最优。

（3）农业 4.0 实现泛在的智能化。如果说农业 3.0 解决了农业的局部自动化与智能化，那么农业 4.0 重要特征之一就是实现农业全链条、全过程、全产业、全区域泛在的智能化和无人化。农业全链条全过程的智能化是指农业产前生产资料优化调度、使用，产中各种农业资源和农业生产过程的配置和优化，产后农产品的加工、包装、运输、存储、物流、交易的成本优化，最终实现全链条的整体智能化，即成本最低、效率最高、生态环境破坏最少。全产业的智能化是指与农业生产相关的各产业达到人员、技术、装备、资金、体系、结构实现最优配置，确保产业的竞争力。全区域的智能化是指在单个企业、单个种植或养殖单元实现自动化和智能化的基础上，如何实现整个区域的资源最佳配置、生产过程的最优化以及成本的最优控制，通常区域智能化与整体的智能化建立在单元智能化基础上，通过链条和产业的智能化，逐步实现大区域或整体的智能化。

（4）农业 4.0 是现代农业的最高阶段。农业 4.0 中现代信息技术的应用不仅仅体现在农业生产环节，它会渗透到农业经营、管理及服务等农业产业链的各个环节，是整个农业产业链的智能化，农业生产与经营活动的全过程都将由信息流把控，形成高度融合、产业化和低成本化的新的农业形态，是现代农业的转型升级。实现规模化的畜禽养殖场建设，日光温室、批发市场、物流中心的转型升级，工业化生产线和大型制造商的介入使农业生产更加产业化，各类技术的高度融合使农业生产更加低成本化。土地生产的成果不再是化肥、农药超标、普通的农产品，更多的是质量提高、产量提高且更接近自然的无公害产品。因此，农业 4.0 是现代农业的最高阶段，但随着技术的进步，可能会出现农业 4.0 的初级、中级、高级和终级等不同时期。

美国约翰·迪尔公司是农业 4.0 实践的典型代表企业，约翰·迪尔公司通过和爱科公司合作，不仅将农机设备互联，更连接了灌溉、土壤和施肥系统，公司可以随时获取气候、作物价格和期货价格的相关信息，从而优化农业生产的整体效益。

第二章　智能农业构建的六个维度

农业 4.0 是采用物联网、大数据、人工智能等新一代信息技术手段对农业资源的重新配置和融合，是一种生产方式、产业模式与经营手段的多维创新，通过推进技术进步、效率提升和组织变革，提升农业的创新力，进而形成农业生产方式、经营方式、管理方式、组织方式和农民生活方式变革的新形态。农业 4.0 对农业的生产、经营、管理、服务等农业产业链环节有深远影响，为农业现代化发展提供了新动力。以农业 4.0 为目标、以“互联网 +”为驱动力，有助于发展高效农业、绿色农业、智能农业，提高农业质量效益和竞争力，实现由传统农业向现代农业转型。资源要素、信息技术、行业应用、产业链条、支撑体系、运行模式和机制是观察农业 4.0 区别于传统农业的六个视角，在农业 4.0 时代，从这六个视角出发分析农业的要素构成，可以构建出农业 4.0 发展的理论体系。

第一节　构成智能农业的六个维度

系统科学认为，系统是由若干相互作用、相互依赖的要素组成的具有特定功能的有机整体。系统科学主张把事物、对象看作是一个系统，通过整体的研究来分析系统中的成分、结构和功能之间的相互联系，通过信息的传递和反馈来实现某种控制作用，以达到有目的地影响系统的发展并获得最优化的效果。农业 4.0 的发展受到经济发展水平的制约、传统农业的影响，同时又受到多方因素制约，所以在“互联网 +”时代下，农业 4.0 依赖于六个维度的系统支撑，即资源要素、信息技术、行业应用、产业链条、支撑体系、运行模式和机制，这六个维度之间相辅相成、形成耦合机制，共同形成农业 4.0 的架构体系。

一、农业资源要素

农业 4.0 的本质是通过物联网、大数据、移动互联网、云计算、空间信息和人工智能等新一代信息技术与农业资源要素（土地、水、劳动力、资金、信息等）的重新配置和深度融合，产生一个更高产、高效、优质、生态、安全的更具有竞争能力的新业态。因此，从资源配置的维度分析，农业 4.0 要优化配置哪些资源要素呢?

（一）土地要素

信息技术 + 土地资源 = 规模效益。广义的土地要素范畴，是未经人类劳动改造过的各种自然资源的统称，既包括一般的可耕地和建筑用地，也包括森林、矿藏、水面、天空等。土地是任何经济活动都必须依赖和利用的经济资源，比之于其他经济资源，其自然特征主要是它的位置不动性和持久性，以及丰度和位置优劣的差异性。土地是种植业的命脉，在农业 4.0 时代，通过互联网技术、精准农业技术、无人驾驶等技术，一方面能够对土地进行数字化管理，实现土地规模化、集约化、精准化管理，另一方面能够提高水肥利用效率，大幅提高土地的产出率，实现土地的规模效益。

（二）劳动力要素

信息技术 + 劳动力 = 新兴力量。新农人是指具有科学文化素质、掌握现代农业生产技能、具备一定经营管理能力，以农业生产、经营或服务作为主要职业，以农业收入作为主要生活来源，居住在农村或城市的农业从业人员。新农人是现代农业中新的力量，自动化、智能化信息技术的应用，将大大提高新农人的劳动生产率，使一产劳动力大幅减少并向二、三产转移。农业 4.0 环境下，农业流程化管理将更加清晰，谁来生产、谁管技术、谁做管理、谁负责流通将更加明晰，劳动力实现在一、二、三产的合理分布。

（三）资本要素

信息技术 + 资本与金融 = 农户融资。资本要素是通过直接或间接的形式，最终投入产品、劳务和生产过程中的中间产品和金融资产。互联网金融经过多年的发展后，所涉领域在不断扩大，从传统的小微借贷、票据保理等传统业务到珠宝、黄金、农业等产业链条，同时商业模式也在不断变化，从单一分散的借贷到信托于产业链形成闭环的金融服务。在农业金融服务上，随着土改的推进，原来缺乏金融服务的农村金融正迎来前所未有的发展机遇。农业将成为继房地产、IT 产业之后资本角逐的新蓝海，互联网时代农户融资将不再看别人脸色。

（四）市场要素

信息技术 + 市场与信息 = 新兴渠道。市场机制通过需求与供给的相互作用及灵敏的价格反应，自如地支配经济运行。即自由、灵活、有效、合理地决定着资源的配置与再配置。互联网技术的发展对传统商品市场形成了强有力的冲击，电子商务、大数据分析等技术应用，彻底改变了市场配置资源、调解供需的方式，建立了一条新兴的农产品流通渠道。

（五）生产工具要素

信息技术 + 生产工具 = 设施装备智能化。农业设施和装备是实现农业信息化的基础，用信息技术武装农业生产工具，能够加快推动农业生产设施和装备升级，实现设施装备智能化。农业 4.0 时代，是一个无人的生产系统，农业生产工具不再是传统的农具和机械，而是演变成以物联网技术为纽带，集智能感知、智能识别、智能传输和智能控制于一体的智能网络系统。设施装备的智能化，将引领农业生产进入无人时代，无人机、机器人等将成为主要的农业生产工具，劳动生产率大幅提高。

（六）信息资源要素

信息技术 + 信息资源 = 价值增值。农业信息资源是农业资源的抽象，是农业自然资源和农业经济技术资源的信息化。信息是用来消除随机不确定性的东西。农业信息资源包括与农业信息生产、采集、处理、传播、提供和利用有关的各种资源，如农业信息技术与信息机械、农业信息机构与系统、农业信息产品与服务等。在农业 4.0 时代，利用大数据技术对农业信息资源进行挖掘、分析，能够对零散、无序、优劣混杂的信息进行筛选、解构、组合、整序，使之可视化、有序化，从而在农业生产、经营、管理、服务过程中形成一系列新的信息产品，使农业信息得到增值。

二、信息技术

农业 4.0 是充分利用移动互联网、大数据、云计算、物联网、人工智能等新一代信息技术与农业的跨界融合，创新基于互联网平台的现代农业新产品、新模式与新业态，是以“互联网 +”为驱动，努力打造“信息支撑、管理协同，产出高效、产品安全，资源节约、环境友好”的现代农业发展升级版。农业 4.0 需要现代信息技术的强力支撑。

（一）物联网

物联网作为农业 4.0 应用的重要组成部分，是新一代信息技术的高度集成和综合运用，具有渗透性强、带动作用大、综合效益好的特点，在农业领域具有广阔的应用前景。物联网技术的核心是赋予农业设施和装备以能够识别的有效身份，并通过信息技术实现物与物之间的通信。物联网技术是支持无人系统、无人作业的关键技术，是农业 4.0 时代技术应用的重要标志。应用农业物联网技术，有利于促进农业生产向智能化、精细化、网络化方向转变，对于提高农业生产经营的信息化水平，完善新型农业生产经营体系，提升农业管理和公共服务能力，带动农业科技创新与推广应用及推动农业产业结构调整和发展方式转变具有重要意义。物联网技术与先进农机装备的联动应用，可以提高农业生产全程自动化水平，减少农药、化肥的施用量，减少劳动力投入，实现大田种植、畜禽养殖、水产养殖和设施园艺等农业的无人化、高效化生产。

（二）大数据

农业大数据是融合了农业地域性、季节性、多样性、周期性等自身特征后产生的来源广泛、类型多样、结构复杂、具有潜在价值并难以用通常方法处理和分析的数据集合。它保留了大数据自身具有的规模巨大、类型多样、价值密度低、处理速度快、精确度高和复杂度高等基本特征，并使农业内部的信息流得到了延展和深化。

根据农业的产业链条划分，目前农业大数据主要集中在农业环境与资源、农业生产、农业市场和农业管理等领域。农业自然资源与环境数据主要包括土地资源数据、水资源数据、气象资源数据、生物资源数据和灾害数据。农业生产数据包括种植业生产数据和养殖业生产数据，其中种植业生产数据包括良种信息、地块耕种历史信息、育苗信息、播种信息、农药信息、化肥信息、农膜信息、灌溉信息、农机信息和农情信息；养殖业生产数据主要包括个体系谱信息、个体特征信息、饲料结构信息、圈舍环境信息、疫情情况等。农业市场数据包括市场供求信息、价格行情、生产资料市场信息、价格及利润、流通市场和国际市场信息等。农业管理数据主要包括国民经济基本信息、国内生产信息、贸易信息、国际农产品动态信息和突发事件信息等。

农业农村是大数据产生和应用的重要领域之一，是我国大数据发展的基础和重要组成部分。农业 4.0 时代，随着信息化和农业现代化深入推进，农业农村大数据将与农业产业全面深度融合，成为农业生产的定位仪、农业市场的导航灯和农业管理的指挥棒，是智慧农业的神经系统和推进农业现代化的核心要素。

（三）云计算

云计算是利用互联网技术将信息技术处理能力整合成以大规模、可扩展的方式对多个外部用户提供服务的一种计算方式，被信息界公认为是第4次IT浪潮。其优势表现在以下几个方面：①摆脱了摩尔定律的束缚，从提高服务器CPU的速度转向增加计算机的数量，从小型机走向集群计算机、分布式集群计算机，从而优化了计算机计算速度增长的方式；②我国第一台性能超千万亿次的超级计算机曙光“星云”具有大规模数据的计算能力，在新能源开发、新材料研制、自然灾害预警分析、气象预报、地质勘探和工业仿真模拟等众多领域发挥重要作用；③具有大规模数据的存储能力，智能备份和监测使系统的稳定性大幅提高，宕机概率减少；④以计时或计次收费的服务方式为客户提供IT资源，减免客户对于设备的大量采购，而且具有可伸缩的、分布式的设备扩充能力，大大节约了客户信息化建设成本。

农业云是指以云计算商业模式应用与技术（虚拟化、分布式存储和计算）为支撑，统一描述、部署异构分散的大规模农业信息服务，能够满足千万级农业用户数以十万计的并发请求，及大规模农业信息服务对计算、存储的可靠性、扩展性要求。在农业4.0时代，用户可以按需部署或定制所需的农业信息服务，实现多途径、广覆盖、低成本、个性化的农业知识普惠服务，通过软硬件资源的聚合和动态分配、实现资源最优化和效益最大化，降低服务的初期投入与运营成本，极大地提升我国农业信息化的服务能力。

（四）移动互联网

移动互联网是一种通过智能移动终端，采用移动无线通信方式获取业务和服务的新兴业务，包含终端、软件和应用三个层面。终端层面包括智能手机、平板电脑、电子书、MID（移动互联网设备）等；软件层面包括操作系统、中间件、数据库和安全软件等；应用层面包括休闲娱乐类、工具媒体类、商务财经类等不同应用与服务。

移动互联网具有以下四个特性：①终端移动性。移动互联网业务使得用户可以在移动状态下接入和使用互联网服务，移动的终端便于用户随身携带和随时使用。②业务使用的私密性。在使用移动互联网业务时，所使用的内容和服务更私密，如手机支付业务等。③重视对传感技术的应用。有关的移动网络设备向着智能化、高端化、复杂化的方向发展，利用传感技术能够实现网络由同定模式向移动模式的转变，方便广大用户。④有效地实现人与人的连接。在移动互联网的未来发展方向中，实现人与人的连接。人的联网，是移动互联网应用的一个非常重要的方面。任何的时代产物必然是产生于人们的需求中，在移动互联网的发展过程中，注重客户和消费者的需求，市场的发展状态，将会获得更为宽广的发展前景。

（五）空间信息技术

空间信息技术是20世纪60年代兴起的一门新兴技术，于20世纪70年代中期以后在我国得到迅速发展。该技术主要包括卫星定位系统、地理信息系统和遥感等的理论与技术，同时结合计算机技术和通信技术，进行空间数据的采集、测量、分析、存储、管理、显示、传播和应用等。

在农业4.0时代，空间信息技术将在土地利用动态监测与资源调查、农业自然灾害监测与评估、农业精细作业、农作物长势监测与估产、农业病虫害监测等方面得到广泛应用。加快对空间信息技术研究，并在农业中推广应用，将会推动农业资源利用的精准化，促进农业可持续发展。

（六）人工智能技术

人工智能（Artificial Intelligence，AI）是研究、开发用于模拟、延伸和扩展人的智能的理论、方法、技术及应用系统的一门新的技术科学。人工智能是计算机科学的一个分支，它企图了解智能的实质，并生产出一种新的能以人类智能相似的方式做出反应的智能机器，该技术的研究领域包括机器人、语言识别、图像识别、自然语言处理和专家系统等。人工智能从诞生以来，理论和技术日益成熟，应用领域也不断扩大，可以设想，未来人工智能带来的科技产品，将会是人类智慧的“容器”。

在农业4.0时代，人工智能在农业中的应用主要体现在农业智能装备及机器人、虚拟现实技术等方面。人工智能技术将贯穿于农业生产的产前、产中、产后各阶段，以其独特的技术优势提升农业生产技术水平，实现智能化的动态管理，实现以机器全部或部分代替人的劳动，减轻农业劳动强度，具有巨大的应用潜力。

三、产业链

农业 4.0 全产业链主要涉及四个环节，分别为生产、经营、管理以及服务。农业 4.0 全产业链利用“互联网 +”新经济形态，发挥现代信息技术在农业生产要素配置中的优化和集成作用，切实将互联网思维转变为实际行动，解放和发展农村生产力，提升农业竞争力，努力走出一条生产技术先进、经营模式适宜、管理方式高效、服务内容实用的新型农业现代发展道路。

（一）农业生产智能化

农业 4.0 在生产上智能化主要体现为：按照“全系统、全要素、全过程”要求，推动物联网应用从生长环境感知向动植物生长控制深入，建立“感知 - 传输 - 处理 - 控制”的闭环应用，提高设施园艺、大田种植、畜禽养殖、水产养殖的智能化、自动化水平，不断扩大物联网应用的规模化程度，通过按需控制和精细管理实现农业生产的节本增效。我国以黑龙江省依安县为试点，在推进农业生产智能化、由农业 2.0 向农业 3.0 和农业 4.0 迈进方面做出了重要探索，取得了显著成效。

案例：黑龙江省依安县农业生产智能化探索实践推进信息感知立体化。依安县利用地面传感器监测、空中无人机航拍、天上卫星遥感，建立起“地、空、天”立体化采集农业信息。其中在天上，利用卫星遥感，对全县土壤氮、磷、钾、有机质、pH 进行全面“会诊”，为开展测土施肥，精准农业奠定了基础；在空中，应用无人机携带多光谱、可见光和热传感器，并通过 GPS 精准定位，对稻瘟病、马铃薯晚疫病、甜菜褐斑病发生位置、发生程度进行监测，为精准施肥、用药提供基础数据；在地面，传感器监测系统实时采集相关参数，帮助系统及时反馈和调整。推进种植管理智能化。开发依安县绿色有机食品物联网管理服务平台 i，通过作物生长决策系统，为全县每个农户提供测土施肥决策指导，提高化肥利用率，减少化肥用量。通过有害生物预警系统，对作物病虫害发生、发展进行预警，有针对性地进行提早防治，减少农药使用量。

推进模型应用精准化。依安县利用信息技术和数字化手段，对区域条件下的玉米、水稻等作物模式化管理方式，进行技术原理、技术特征和技术规程分析，开展精准化种植示范。

（二）农业经营网络化

大力发展农业电子商务，畅通流通渠道，激发消费需求，破解困扰农业电子商务发展的短板，实现农产品、农业生产资料、农村特色旅游的网络化经营，提升农产品批发市场和农业产业化龙头企业的网络经营能力，构建以农业电子商务为核心、覆盖农村、惠及农民的现代经济形态，促进农业农村经济发展方式转变。在推进农业经营网络化方面，一批农产品电子商务企业积极探索，形成了一系列具有推广意义的商业模式。

案例：五种农产品电商模式

第一种：供应链驱动型。典型代表是顺丰优选，背靠顺丰集团的物流与配送优势，线上线下相结合，可以快速占领全国市场，这也是顺丰优选能够在短期内取得不错销售业绩的主要原因，上游的货源更丰富更标准，下游的配送优势则会更加彰显。

第二种：营销驱动型。典型代表是本来生活网，农产品背后的故事性强，容易制造传播热点，从褚橙、柳桃到潘苹果，从四大美莓到阳澄湖状元蟹，背后都有本来生活网的影子。该模式的核心是以营销带动流量和销量，其面临的挑战是需要不断推陈出新。

第三种：产品驱动型。典型代表是沱沱工社，依靠自建的有机农场坚守高品质产品，并在全国大力发展联合农场，力求通过严控品质来获得忠实消费者，以产品质量促进消费且稳扎稳打，其面临的挑战是瞬息万变的市场节奏。

第四种：渠道驱动型。典型代表是天天果园，依靠自身对水果市场的专业理解，单一聚焦水果品类，力拓天猫、1 号店、微信、电视购物、广播电台等各类销售渠道，其面临的挑战是跨区域配送的服务能力。

第五种：服务驱动型。典型代表是遂昌网店协会，政府倾力支持企业独立运营，他们为本地的中小卖家（农户）提供培训、开店、营销、仓储、配送等标准化服务，凭借自身专业服务赢得市场价值。

3. 农业管理高效化

采用大数据、云计算等信息技术，改造升级现有农业管理信息系统，革新管理方式，建立起全面涵盖电子政务、应急指挥、监测预警、质量追溯、数据调查等领域的在线化、数据化政务管理体系，通过数据共享和业务协同，提高管理效能，实现农业管理的高效透明。

案例：农产品质量安全追溯平台

农产品质量安全追溯平台是以保障消费安全为宗旨，以追溯到责任主体为基本要求，从而实现农产品“从农田到餐桌”的全程可追溯信息化管理的平台农产品质量安全追溯平台是根据“一物一码”标准，为农产品建立个体身份标识，准确记录从种植管理、生产、加工、流通、仓储到销售的全过程信息，通过短信、电话、触摸屏、网上查询、手机扫描二维码条形码等查询方式，为消费者提供透明的产品信息，为政府部门提供监督、管理、支持和决策的依据，为企业建立高效便捷的流通体系。农产品质量安全追溯平台的建设能够全面了解农产品的“来龙去脉”，有效防止非安全农产品流向市场，并在发现质量安全隐患时，可以马上进行追溯并及时排除风险。

4. 农业服务便捷化

立足信息化与农业现代化深度融合的新态势，顺应现代信息技术发展新趋势，根据农民和新型农业经营主体的信息服务新需求，加快推进信息进村入户工程，不断创新服务方式，优化服务手段，有针对性地为农民提供及时、精准、高效的信息服务，将农业信息服务引向新的发展高度。农业部通过实施“信息进村入户”工程，推动互联网的创新成果与农业生产、经营、管理、服务深度融合，对于转变农业发展方式、创新农业行政管理方式具有重要意义。信息进村入户工程加快了农业信息服务便捷化的进程，推进农业服务从 1.0 向 2.0、3.0 迈进，并在部分农业服务 4.0 领域进行了有益探索。

案例：益农信息社面向农民服务

益农信息社是农业部信息进村入户工程的村级信息服务站，依托农村商超，将农业信息资源服务延伸到乡村和农户，通过开展公益、便民、电子商务和培训体验四类服务提高农民的现代信息技术应用水平，为农民解决农业生产上的产前、产中、产后问题，使广大农民体验到了“互联网＋农村”带来的便利和快捷，已成为农村信息集散地、便民服务点和电商新领域。每个信息服务站至少配备1名信息员。信息员是信息进村入户工作能否取得成效的关键，关系到村级信息服务站的生存和发展。市农委按照有文化、有热情、懂信息、能服务、会经营的基本要求，从村组干部、大学生村干部、农村经纪人、农业生产经营主体带头人、农村商超店主中，选拔聘任村级信息员，确保每个村级信息服务站至少配备1名信息员。信息员针对村民的需求，依托12316热线帮助村民联系专家获得咨询服务；按照统一要求报送所在村屯的农民和农业生产信息；帮助本村村民在网上购销产品，衔接物流配送等工作；开展各种缴费、金融服务、保险服务、票务服务等便民服务项目。

四、行业领域

农业4.0要顺应由消费领域向生产领域拓展延伸的发展规律，切入点是农业电子商务，着重点是农业生产的智能化，突破点是农业的大数据，落脚点是为农民提供便捷高效的信息服务。农业4.0在产业链环节的突破，将为种植业、畜牧业、渔业等各行业领域的发展带来重要影响。

（一）种植业

种植业是栽培各种农作物以及取得植物性产品的农业生产活动，是农业的主要组成部分之一。种植业利用植物的生活机能，通过人工培育以取得粮食、副食品、饲料和工业原料，包括各种农作物、林木、果树、药用和观赏等植物的栽培。作物种类包括粮食作物、经济作物、蔬菜作物、绿肥作物、饲料作物、牧草及花卉等园艺作物。种植业在中国通常指粮、棉、油、糖、麻、丝、烟、茶、果、药、杂等作物的生产活动。

种植业4.0，以利用无人机、机器人、农业智能装备等实现无人作业为主要特征，应用基于 GIS（地理信息系统）的农田管理系统、测土配方施肥系统、墒情监控系统、农田气象监测系统、作物长势监控系统、病虫害监测预报防控系统以及精准作业系统，确保大田高产、优质、高效、生态、安全，促进大田种植的规模化、集约化、智能化生产。

（二）畜牧业

畜牧业是利用畜禽等已经被人类驯化的动物，或者鹿、麝、狐、貂、水獭、鹌鹑等野生动物的生理机能，通过人工饲养、繁殖，使其将牧草和饲料等植物转变为动物，以取得肉、蛋、奶、羊毛、山羊绒、皮张、蚕丝和药材等畜产品的生产部门。

畜牧业 4.0，既是生态畜牧业，也是智能畜牧业，以无人值守畜牧场为基本特征，畜牧业进入超高产、高效、优质、生态、安全的崭新时代。主要是应用畜禽养殖环境监控系统、饲料自动给喂系统、育种繁育系统、疫病诊断与防控系统、养殖场管理系统及质量追溯系统。不仅养殖的畜禽数量和质量、出栏率及劳动生产率有了大幅度的提升，而且劳动力的需求非常少（主要是管理人员和技术人员），以不到 1% 的畜牧业劳动力就能养活整个地区，甚至可为其他地区和国家提供高品质、高营养的肉蛋奶，养殖户的生活达到富裕的水平，牧场主成为富人群体中的一员，畜牧业也将成为令人羡慕的行业。

（三）渔业

渔业是指捕捞和养殖鱼类和其他水生动物及海藻类等水生植物以取得水产品的社会生产部门。一般分为海洋渔业和淡水渔业，渔业可为人民生活和国家建设提供食品和工业原料。

渔业 4.0 采用人工智能技术、大数据技术、智能装备技术应用到渔业的生产、经营、管理、服务等的全过程，利用物联网、云计算、大数据、移动互联网等现代信息技术和装备，提升苗种繁育、病害防治、生产管理、技术服务、产品销售等养殖各环节的信息化水平，达到合理利用渔业资源、节能降耗、提质增效、降低生产成本、降低养殖风险、改善生态环境等目的，实现高密度、高产值、高效益的标准化养殖。

（四）农业机械

农业机械是指农业生产中使用的各种机械设备统称。具体如大小型拖拉机、平整土地机械、耕地犁具、耕耘机、微耕机、插秧机、播种机、脱粒机、抽水机、联合收割机、卷帘机、保温毡等。

农机 4.0，就是要着力提高农机装备智能化水平，加大物联网和地理信息技术在农机作业上的应用，“无人、高效、可靠、舒适、通用”是未来农业机械发展的方向。基于智能高效的农业发展模式，政府部门可以实现农机作业实时全局监管，通过年度、季度作业数据统计分析，补贴发放依据和政府决策管理，提高监管效率，降低监管成本；准确掌握农机作业进度；合作社和农户可准确掌握农机作业进度，实时查询农机投入和地理分布情况，并在作业过程中完成测亩，节省人力开支和时间成本；农机企业可以建立庞大的用户信息库，通过大数据智能商业分析、科学指导生产销售和服务，变被动服务为主动服务，提高农机产品科技含量，增强用户黏性。

（五）农产品加工

农产品加工业是以人工生产的农业物料和野生动植物资源为原料的总和进行工业生产活动。广义的农产品加工业，是指以人工生产的农业物料和野生动植物资源及其加工品为原料所进行的工业生产活动。狭义的农产品加工业，是指以农、林、牧、渔产品及其加工品为原料所进行的工业生产活动。

农产品加工 4.0，以实现生产的高效率和高精度、降低生产成本、节约资源、提高农产品品质和实现安全生产等为 B 的，满足人们在农产品生产和消费中的需求。正如机器人在工业生产上可以降低生产成本和提高产品质量一样，在农产品加工生产中机器人也有同样的作用，在未来，分拣机器人、包装机器人等将在各生产线上广泛应用。通过应用符合生产实际的先进技术，实现农产品加工生产的优质、高产、高效，发展适合农产品加工生产现实条件的自动化模式，带动一、二、三产业联动发展。

（六）休闲农业

休闲农业是利用农业景观资源和农业生产条件，发展观光、休闲、旅游的一种新型农业生产经营形态，也是深度开发农业资源潜力，调整农业结构，改善农业环境，增加农民收入的新途径。在综合性的休闲农业区，游客不仅可观光、采果、体验农作、了解农民生活、享受乡土情趣，而且可住宿和度假。

休闲农业4.0就是要在互联网平台下，不但要实现消费者与消费者之间的信息互动，而且要实现经营者与消费者之间的信息互动，通过消费者诉求，重构休闲农业产品，提升产品附加值。通过旅游带动原有的农业基地或园区，能够大大提升地块及区内农副产品的附加价值，不仅自身蔬菜瓜果等产品能够实现就地销售，更能够通过旅游项目的带动，促进园区产业结构的优化，解决更多农民就业与农民致富的问题。

五、支撑体系

农业4.0建设是具有前瞻性和复杂性的系统工程，需要一系列条件进行支撑，只有在基础设施完备、产业发展健全、科技手段丰富、人才保障有力、市场体系完善、发展环境优化的条件下，农业4.0建设才可能顺利、快速推进。

（一）基础设施支撑体系

信息化基础设施是支持信息资源开发、利用及信息技术应用的各类设备和装备，是分析、处理以及传播各类信息的物质基础，政府是推进农业信息化基础设施支撑体系建设的第一主体。信息化基础设施建设主要包括广播电视网、电信网、互联网的建设及其他相关配套设施的建设。农业4.0时期，互联网基础设施将是以光纤光通信为骨干的，以IP作为连接，以大数据、云计算和物计算作为网络功能，同时支持固定接入和移动接入的互联网，为用户提供一个高安全性、灵活性和高质量服务的网络环境。

（二）产业支撑体系

信息产业的发展开拓了农业发展的道路，农业信息产业的发展作为重要的物质内容，直接影响着农业可持续发展策略，企业是农业信息化产业支撑体系的主要实施主体。现代农业的优化结构主要是凭借农业机械化、化学以及生物技术，在这个结构中存在大量的信息，这些信息需要及时、准确并全面进行有效传递，才能够将农业科学知识与创新技术有效转化为生产力，其对农业产业结构起着直接的作用，从而影响着农业 4.0 的建设与发展。农业 4.0 时期，将涌现一批具有强大国际竞争力的、服务于农业产业的大型跨国网信企业，打通第一产业、第二产业和第三产业之间的边界，实现一、二、三产业融合发展。

（三）科技支撑体系

农业信息化科技创新与应用基地建设是推进农业 4.0 创新发展的重要支撑，其中高校和科研院所是推进科技支撑体系建设的主体。提升农业信息化科研支撑和创新能力，要完善农业农村信息化科研创新体系，壮大农业信息技术学科群建设，科学布局一批重点实验室，加快培育领军人才和创新团队，加强农业信息技术人才培养储备。农业 4.0 时期，就是要通过大幅度提高农业科技水平来突破资源环境约束，提高劳动生产率，降低农产品生产成本，改善农产品品质，发展农业产业化，提升农业综合生产能力，加快农业发展转型升级。

（四）人才支撑体系

推进信息技术与现代农业深度融合，迫切需要一批既懂现代信息技术又懂现代农业技术和市场营销技能的农业网络信息服务人才，高校是培养人才的重要主体。政府要加强引导，要致力于就地培养和利用人才资源，大力营造网络信息人才优先发展的良好氛围，突出产业引领，不断加大产业扶持力度，以产业聚人才、增强产业发展对人才的吸纳力。要吸引网络信息人才致力于农业发展信息化建设，使专家学者、高校毕业生、科研机构的网络信息人才积极投身农业发展。农业 4.0 时期，从事农业生产经营的新一代农民，将是一大批懂技术、会应用的实用性人才，例如在水产养殖领域，通过集成现代信息技术，构建物联网平台，实现水产养殖中饲料投喂、收获、洗网、加工的完全自动化，只要定期维护便可实现 1 ~ 2 人管理全场所有事务。

（五）市场支撑体系

农业 4.0 的市场支撑体系，是在互联网背景下，流通领域内农产品经营、交易、管理、服务等组织系统与结构形式的总和，是沟通农产品生产与消费的桥梁与纽带，是现代农业发展的重要支撑体系之一。农业 4.0 时期，将形成高度成熟、规范、完整的市场支撑体系，包括智能化、标准化的农产品批发市场、农产品超市以及农产品物流系统等。同时将会形成一批具有高度智能化管理能力的农产品中间商，成为衔接农场主与批发市场、超市的重要纽带。

（六）环境支撑体系

农业 4.0 发展环境是指农业信息化建设所需要的经济、社会、政治和人文环境。只有当农村经济发展到一定阶段，农民人均纯收入达到一定水平，能够承担开展农村信息化的基础成本；农村社会具备了信息化意识，接受了信息化的理念；政府开始重视信息化建设，制定政策规划并承担信息化基础投入；农民文化素质得到普遍提高，具备了应用信息技术的知识和能力，农村信息化建设才能够正常推进。

六、运行机制

根据“机制”的本来含义，使用“机制”这一概念的领域必须是一个有机体系，即这一领域内部是一个有机联系的整体；这个有机体系内部各组成部分之间处于动态，一部分的变化会引起另一部分的相应变化，是一个相互作用着的系统；这个有机体系在相互作用中所发生的作用机理，是该领域内在运动规律的外在形式。运行机制，是指在人类社会有规律的运动中，影响这种运动的各因素的结构、功能及其相互关系，以及这些因素产生影响、发挥功能的作用过程和作用原理及其运行方式。是引导和制约决策并与人、财、物相关各项活动的基本准则及相应制度，是决定行为的内外因素及相互关系的总称。各种因素相互联系，相互作用，要保证农业 4.0 建设目标和任务真正实现，必须建立一套协调、灵活、高效的运行机制。

第二节　智能农业的先进性

农业 4.0 构建了一个生产者、消费者、服务平台、金融机构、教育培训机构以及政府与企业良性生态系统，这个系统是各主体通过专业化经营和高度协同，形成良好的信誉，促进互利共赢。农业 4.0 就是利用物联网、云计算、大数据等互联网技术，整合土地、资本、劳动力等各类要素资源，实现农业产业链去中间化，提升生产流通效率的新型农业平台。农业 4.0 在农业资源利用、信息技术应用、行业发展、产业链布局、外部条件支撑、运行机制等方面都有着显著的先进性和引领性。

一、资源高效利用

现阶段我国的农业资源利用状态已经变成了一边治理、一边破坏以及局部改造、整体恶化的尴尬局面，导致了土壤资源遭受侵蚀、水土流失问题日益严峻、森林资源生态功能下降、土地沙漠化蔓延等后果，农业生态问题逐渐严重。有数据显示，目前我国的水土流失总面积已经超过了 350 万 h m2，每年平均新增水土流失面积超过了 2 万 hm2，而我国的土地荒漠化面积已经增加到 262 万 hm2，水资源的污染问题也开始凸显。怎样保护农业生态、提升农业资源的利用率已经成了迫在眉睫的问题。

2017 年中央一号文件《中共中央、国务院关于深入推进农业供给侧结构性改革，加快培育农业农村发展新动能的若干意见》指出，推进农业供给侧结构性改革，要在确保国家粮食安全的基础上，紧紧围绕市场需求变化，以增加农民收入、保障有效供给为主要目标，以提高农业供给质量为主攻方向，以体制改革和机制创新为根本途径，优化农业产业体系、生产体系、经营体系，提高土地产出率、资源利用率、劳动生产率，促进农业农村发展由过度依赖资源消耗、主要满足量的需求，向追求绿色生态可持续、更加注重满足质的需求转变。

农业 4.0 是以物联网、大数据、移动互联网、云计算技术为支撑和手段的一种现代农业形态，是继传统农业、机械化农业、信息化（自动化）农业之后进步到更高阶段的智能农业。在农业 4.0 时代，与机械化农业相比，农业的自动化程度更高，资源利用率、土地产出率、劳动生产率更大。例如，每公斤水、肥、农药等资源的利用率将大大提升，农业将更加清洁、环保、健康；从劳动生产率角度看，按照目前发达国家水平，每个劳动力每年能够生产 2500t 鱼，管理 1 万亩农田，养殖 10 万只鸡，平均劳动生产率是我国的上千倍；从土地产出率上看，按照目前发达国家水平，通过发展智能化设施农业，每平方米土地能够生产 70kg 西红柿，30kg 辣椒，每立方米水每年能够养殖 50kg 鱼，土地的产出效率大幅提高，将大大缓解我国土地资源紧缺的问题。

二、信息技术深度应用

通过 IT 技术，突破时空限制实现随时随地互联互通，从而大大促进了农业技术知识、农业资源、农业政策、农业科技、农业生产、农业教育、农产品市场、农业经济、农业人才、农业推广管理等各方面信息的有效传递，解决了各种信息不对称问题。在促进农业生产生活的同时，也能有效对接农产品供求市场，解决传统农业中因信息不畅而导致滞销等问题。在信息使用方面，互联网能有效打通信息传递的“最后一公里”，使各种农业信息全方位地渗透到农村一线，切实指导生产生活，并通过大数据分析等手段提高农业科学化、现代化的程度。

利用互联网技术提高现代农业生产设施装备的数字化、智能化水平，积极发展数字农业、精准农业、智能农业。通过互联网及全面感知、可靠传输、先进处理和智能控制等技术的优势改变传统的农业生产方式，实现农业生产过程中的全程优化控制，解决种植业和养殖业各方面的资源利用率、劳动生产率、土地产出率低等问题。基于互联网技术的大田种植业向精准、集约、节约转变，基于互联网技术的设施农业向优质、自动、高效生产转变，基于互联网技术的畜禽水产养殖向生产集约化、装备工厂化、测控精准化、管理智能化转变，最终达到合理使用农业资源、提高农业投入品利用率、改善生态环境、提高农产品产量和品质的目的。

三、各行业高度发达

农业 4.0 必须要落在具体行业上，针对行业特点发力，用互联网和信息技术对传统行业进行在线化改造，具体来讲就是传统种植业、畜牧业、渔业、农机、农产品加工、休闲等行业怎么在线化、数据化，每个行业都有自己的特点和重点，明确六大行业“互联网”+农业的战略方向。围绕六大行业发展，农业 4.0 表现为是第一、二、三产业的“三产”融合互动，通过把产业链、价值链等现代产业组织方式引入农业，更新农业现代化的新理念、新人才、新技术、新机制，做大做强农业产业，形成很多新产业、新业态、新模式，培育新的经济增长点。农业 4.0 以全社会“共赢共享”为目标，出售的不再是某一系列农村产品，而是一种让人向往的乡村生活方式。不管是参与、共享，还是体验、购买，都伴随着一种情怀。因此，我们认为，农业 4.0 追求的是“广”，即打造一个泛农业的生态圈。

四、全产业链高度智能化

（一）智能农业

农业生产 4.0 主要是利用物联网技术提高现代农业生产设施装备的数字化、智能化水平，发展精准农业和智能农业。通过互联网，全面感知、可靠传输、先进处理和智能控制等技术的优势可以在农业中得到充分的发挥，能够实现农业生产过程中的全程控制，解决种植业和养殖业各方面的问题。基于互联网技术的大田种植向精确、集约、可持续转变，基于互联网技术的设施农业向优质、自动、高效生产转变，基于互联网技术的畜禽水产养殖向科学化管理、智能化控制转变，最终可达到合理使用农业资源、提高农业投入品利用率、改善生态环境、提高农产品产量和品质的目的。

（二）农业电子商务

农业经营 4.0 主要是利用电子商务提高农业经营的网络化水平，为从事涉农领域的生产经营主体提供在互联网上完成产品或服务的销售、购买和电子支付等业务。通过现代互联网实现农产品流通扁平化、交易公平化、信息透明化，建立最快速度、最短距离、最少环节、最低费用的农产品流通网络。近几年，我国农产品电子商务逐步兴起，国家级大型农产品批发市场大部分实现了电子交易和结算，电商又进一步让农产品的市场销售形态得到根本性改变，2015 年我国农产品电子商务交易额已超过 1000 亿元，“互联网 +”农业经营的方式颠覆了农产品买难卖难的传统格局，掀起了一场农产品流通领域的革命。

（三）农业管理高效透明

农业管理 4.0 主要是利用云计算和大数据等现代信息技术，使农业管理高效和透明。从农民需要、政府关心、发展急需的问题入手，互联网和农业管理的有效结合，有助于推动农业资源管理，丰富农业信息资源内容；有助于推动种植业、畜牧业、农机农垦等各行业领域的生产调度；有助于推进农产品质量安全信用体系建设；有助于加强农业应急指挥，推进农业管理现代化，提高农业主管部门在生产决策、优化资源配置、指挥调度、上下协同、信息反馈等方面的水平和行政效能。

（四）农业服务灵活便捷

农业服务 4.0 主要是利用移动互联网、云计算和大数据技术提高农业服务的灵活便捷，解决农村信息服务“最后一公里”问题，让农民便捷地享受到需要的各种生产生活信息服务。互联网是为广大农户提供实时互动的扁平化信息服务的主要载体，互联网的介入使得传统的农业服务模式由公益服务为主向市场化、多元化服务转变。互联网时代的新农民不仅可以利用互联网获取先进的技术信息，也可以通过大数据掌握最新的农产品地理分布、价格走势，从而结合自己资源情况自主决策农业生产重点。

五、外部支撑条件强劲有力

农业 4.0 是外部条件强力支撑下发展的农业，基础设施、产业、科技、人才、市场、环境等条件缺一不可，共同构成农业 4.0 的支撑体系。农业 4.0 时代，在政府层面将加强互联网基础设施的普及，营造农业 4.0 良好发展环境。完善互联网基础网络环境、物流基础环境等各类硬件基础设施建设。加大对“互联网 +”农业创新的政策扶植力度，加大资源倾斜力度，促进互联网进村入户，切实利用好各类农业服务平台，营造形成农业4.0发展的大氛围和大环境。

农业4.0时代，在企业层面，龙头企业、明星企业将带动区域乃至行业发展，壮大农业信息化产业。在互联网渗透农业全产业链的过程中，会涌现出各种创新的商业模式和商业机会，传统农业企业需要根据自身的实际情况，找到适合自己的“互联网+”，结合自身优势打赢“卖货”“聚粉”“建平台”的互联网化大战役”。与此同时，部分企业较早完成了信息化建设，有资源、有用户、理解农业行业本身，理解互联网。比如司尔特、金正大、辉丰股份等农资巨头，大北农、新希望、隆平高科等农业明星企业，阿里、京东、苏宁等互联网巨头以及顺丰等物流巨头，都可依托自有资源优势，通过互联网工具渗透农村和农业市场。这些龙头型企业进入农村市场，能起到排头兵的作用，利用资源和实力，完善整体网络环境、物流环境等基础设施，先行培育农村市场的互联网观念，提高农村对于互联网的接受程度，同时带动相关产业升级，促进并带动区域和行业发展。

农业4.0时代，互联网意识将在全社会普及，农业4.0人才不断涌现。养殖大户、农资二代、家庭农场、专业合作社等新型农村主体的信息技术和电商知识将不断普及，创造条件让他们获得实惠和好处，起到示范效应，通过新型农村主体带动农村居民整体的互联网意识和观念的转变。

六、运行机制良性可持续

农业4.0的运行机制包括激励约束机制、利益分配机制以及风险共担机制等几部分，合理的运行机制能够使得农业信息依托现代信息机制快速传递给产业链中的各个环节，并从政策、制度、法规、信用风险等方面为农业4.0的运作提供良好的外部环境；利益分配机制是农业4.0能够实现持续稳定运行的动力保障。

构建合理的利益分配机制，就是要在信息生产、传递的整个过程中产生价值增值，采用各种利益分配手段使信息化各类参与者都能增加获得的利益，形成“利益共享、风险分担”的良性运营机制。一方面促使信息服务提供商提供优良的服务，另一方面提高信息用户接受服务的积极性，进而使信息服务形成一种良性循环的、可持续的“共赢”服务，使农业信息化的整体效益实现最大化。

可见，农业 4.0 的利益分配机制从利益角度对信息生产、信息传递和信息消费进行激励，为信息化建立资金投入的长效机制提供了可持续动力。合理的利益分配机制能够协调农业 4.0 各参与主体的利益关系，为整个农业信息化体系的运作提供了利益保障和动力支持，是农业 4.0 体系建设中的一个关键环节。

第三节　从六个维度构建智能农业理论体系

农业 4.0 的运行过程包括了资源要素、产业链、农业行业、现代信息技术、支撑体系以及运行机制与模式等六个维度，利用信息技术优化配置农业资源要素是农业 4.0 体系运行的核心。其中农业资源要素是整个运行框架的根本，也是农业 4.0 整个产业链的前期准备、中期归集、后期整合的主要对象。在前期，农业资源主要指土地及农资，是农业生产的原料；在中期，农业资源主要指劳动力、农资以及信息资源，是生产过程中的必备要素；在后期，资源要素主要指农产品市场的供求信息，主要来自于农产品交易平台、农产品供需信息系统等。整个运行体系中包括政府、企业、高校科研院所以及农户四类主体，其中政府主要负责监督管理整个产业链的其他主体运营，确保运营过程中没有扰乱市场、内部交易等违规行为，制定政策推动整个产业发展并制定规范约束参与主体行为；农业企业以及互联网企业也是农业 4.0 的主要参与主体，一般会与农村农户进行深度合作，形成新的商业模式，为农业发展创造新的机遇；农户不单单指农村分散的个体农户，也包括由多个农户集聚形成的农业合作社；高校科研院所则主要为整个农业 4.0 产业链提供技术支持、专家指导以及人才的培养。四类主体在农业 4.0 体系建设中发挥不同作用，共同构建基础设施支撑、科技支撑、环境支撑、产业支撑、人才支撑和市场支撑的六大支撑体系。

农业 4.0 的整个产业链包括了四个环节，即生产、经营、管理和服务。在这四个环节中，需要农业资源要素、支撑体系以及信息技术等其他维度的支持来完成整个产业链的运行。农业行业主要包括种植业、畜牧业、渔业、农机、农产品加工以及休闲农业六大行业，并且根据这六个行业制定农业 4.0 相应的任务，例如物联网、大数据等技术在各个行业的应用等。现代信息技术包括物联网、大数据、云计算、移动互联网等，应用贯穿于农业 4.0 的各个环节以及产前、产中、产后三个阶段。发展模式和运行机制将农业 4.0 的各个要素联系到了一起，促成它们之间的相互影响、相互约束，在整个外界大环境下，共享利益、共担风险，并且相互激励、相互约束，形成紧密的组织体系。

第三章　农业大数据

现代农业发展过程中数据呈爆炸式增长，尤其是随着移动互联网和物联网技术的发展，在农业生产、流通与交易过程中，农业资源、环境、多样化的生产经营方式等不断产生全量超大规模、多源异构、实时变化的农业数据。产生的大量数据既包含价值密度低的数据块，也包含价值密度高的数据块。从这些数据中寻求科学规律、有用知识，快速抽取出模式、关联、变化、异常特征与分布结构，利用自然语言处理、信息检索、机器学习等技术挖掘抽取知识，从而指导农业生产和经营是农业数据挖掘的价值所在。

第一节　农业数据挖掘

一、农业数据挖掘的特点

农业数据挖掘可称为数据库中的知识发现，是指从农业数据库的大量数据中揭示出隐含的、先前未知的并有潜在价值信息的过程。原始农业数据可以是结构化的，如关系数据库中的数据；也可以是半结构化的，如文本、图形和图像数据；甚至是分布在网络上的异构型农业数据，如农业技术、农产品市场价格、农业视频等。

通过数据挖掘发现的知识可以被用于：①精准农业生产，提高农业生产过程中的科学化管理、精准化监控和智能化决策；②农业水资源、农业生物资源、土地资源及生产资料资源的优化配置、合理开发以实现高效高产的可持续绿色发展；③农业生态环境管理，实现土壤、水质、污染、大气、气象、灾害等智能监测；④农产品和食品安全管理与服务，包括市场流通领域、物流、产业链管理、储藏加工、产地环境、供应链与溯源等精准定位与智能服务；⑤设施监控和农业装备智能调度、远程诊断、设备运行和实施工况监控等。

二、农业网络数据挖掘

农业网络数据挖掘就是以 Web 信息资源为对象，以信息检索的方式为用户提供所需信息，包括信息收集、信息过滤、信息存取、信息索引、信息检索等环节。互联网上存有海量的农业信息资源。据不完全统计，在国内农业领域现有各类网站 3 万余个，内容涉及实用技术、供求信息、价格信息、农业资讯、农业视频等多个主题。这些农业资源网站信息集中，专业性强，服务有针对性。另外，一些综合类和商务类网站，如阿里巴巴、淘宝、阿拉丁等提供了大量的农产品供求、农资市场、农业设备等特定的农业数据，对网络中海量存在的数据进行挖掘入库，后期进行智能分析，对于现代农业发展具有现实意义。

农业网络数据挖掘工具的典型代表有美国农业网络信息中心（AGNIC）与美国普林斯顿建立的Agriscape Search、法国的Hyltel Multimedia、华南农业大学的“华农在线”、中国农业科学院的“农搜”、国家农业信息化工程技术研究中心的Agsoso等。最早网络数据抓取采用基于html网页库的关键词匹配方法，由于网页里包含了很多广告、与当前页面无关的链接等垃圾信息，导致查准率较低。因此，在抓取网页的同时进行Web信息抽取（Web Information Extraction）使Agsoso等工具信息的查准率大幅提高。

Web信息抽取技术能够从Web页面所包含的非结构或半结构的信息中识别用户感兴趣的数据，并将其转化为更为结构化、语义更为清晰的格式。常用的信息抽取模型为基于隐马尔可夫模型（Hidden Markov Model，HMM）的抽取方法。该方法要求大量的训练实例，处理速度较慢；基于本体的抽取方法是利用本体这个比较成熟的领域技术手段，对抽取页面的类型进行描述及设计匹配规则。该方法与抽取的Web页面格式无关，但本体库的构建工作量非常大；基于规则的文本信息抽取模型也需要先构造抽取规则，从手工标记的训练例中推导出一个抽取规则集。

目前Agsoso已经整合了农业科技、特色农产品、农业生产资料、农业社会经济、农业自然资源、农业产品、农产品市场、农民专业合作社、农业企业、农业视频等14个分类，59个主题信息库，6.8TB数据资源，实现了农产品数据集市挖掘、基于规则的包装器专题信息抽取模型、农业信息专题词库更新算法、无序数据的大样本学习机制等技术的应用，为农业知识来源的最大频繁项目集和信息熵集合提供了数据仓库基础。

三、农业感知数据挖掘

除了农业网络数据之外，在农业产业链前端以及农业生产过程中，农业生产活动也产生了大量的农业过程数据，该部分的数据主要通过各类物联网感知设备、自动控制设备、智能农机具及人工操作记录等方式进行采集与收集，这里统称为农业感知数据。不同于农业网络数据，农业感知数据的来源繁多，数据结构与类型复杂多样，多维特征间关联十分紧密，这些都对农业感知数据挖掘提出了很高的要求。

农业生产过程的主体是生物，存在多样性、变异性和不确定性，因此农业感知数据存在季节性、地域性、时效性、综合性、多层次性等特点；而在具体应用场景上也涉及不同专业的多个领域，如气象、动植物育种、土地管理、产量分析、畜禽饲养、土壤水肥、植物保护等。随着物联网数据的不断积累，挖掘分析方法对大数据的处理方法与传统小样本的分析方法有着本质的不同，而且对挖掘深度、数据可视化与实时性等方面都有了更高的要求。

美国的农场主通过安装 Climate Corporation 公司的气象数据软件，可以获得农场范围内的实时天气信息，如温度、湿度、风力、雨水等，同时结合天气模拟、植物构造和土质分析得出优化决策，帮助农场主从生产规划、种植前准备、种植期管理、采收等各环节进行优化决策。来自美国硅谷的 Solum 公司致力于提供精细化农业服务，其开发的软硬件系统能够实现高效、精准的土壤抽样分析，以帮助种植者在正确的时间、正确的地点进行精确施肥，帮助农民提高生产效益。美国 FarmLogs 公司使农民通过移动终端，如 Pad 就可以实现上传农场数据，并获取分析结果，使农场管理更加便捷，同时正在开发基于大数据分析，具备智能预测功能的农作物轮作优化的产品。由我国国家信息化工程技术研究中心等研发组建的“金种子育种云平台”，面向科研单位和育种企业需求，在采集试验状态、谱系等相关数据上，提供包括种质资源管理、试验规划、性状采集、品种选育、系谱管理、数据分析等育种过程数据分析与服务，并在隆平高科、山东圣丰种业等成功应用。

目前农业感知大数据挖掘主要还是针对不同领域利用数据挖掘技术解决生产中的问题。其基本架构包括三部分：农业数据挖掘模型、农业数据挖掘工具集和农业数据挖掘服务。其中，农业数据挖掘模型主要用于数据的特征提取与模型构建；农业数据挖掘工具集提供了大量的数据预处理算法和数据挖掘算法；农业数据挖掘服务则以服务的形式提供了针对不同领域、不同用户的个性化数据挖掘与推荐方法。

第二节　农业数据挖掘应用

一、育种数据挖掘

在人类早期简单的种植和采收活动中就开始萌生了作物驯化育种的思维。在源于两欧的近代育种技术和理论出现之前，作物育种都是通过天然杂交和变异产生一些符合人类生产需求的作物品种。随着遗传学、分子生物学、生物统计学等学科发展，作物育种研究产生了海量多种类型的数据，整合和最大化利用这些生物学数据，无疑对现代育种研究具有不可估量的重要意义。据不完全统计，我国现有的农作物资源中含有水果、蔬菜等 200 余种作物，其中包含的品种数更是达到 40 万种，人们可以通过数据挖掘技术根据丰富的种植经验从众多品种资源数据库中挖掘出适宜、优质的品种来进行培育。

农作物品种选育呈多元化发展态势，高产是新品种选育的永恒主题，品质改良是新品种选育的重点，病虫害抗性是新品种选育的重要选择，非生物逆境是新品种选育的重要方向，养分高效利用是品种选育的重要目标，适宜机械化作业是新品种选育的重要特征。育种相关数据包括基因组测序数据、转录组测序与分子标记数据、作物表型检测数据、田间数据和农业环境数据等。国内外学者基于经典遗传学、数量遗传学和群体遗传学原理，采用关联、分类和聚类算法，挖掘种质资源农艺性状、品质、抗逆、抗病虫等特征特性的关联知识，实现育种关联知识发现、野生种质预测、核心种质筛选等典型业务服务。

二、作物生产数据挖掘

在作物耕作过程中，土壤情况、施肥量和气候等因素都会影响整个农作物的生产过程，从而带来产量上的差异。农业数据和信息具有很强的地域性和时效性，围绕农作物生产过程的关键环节开展数据挖掘工作，发现苗、水、肥、土、虫、气象、灾害等数据背后隐藏的信息，实时提供相关预测、时令性和指导性的信息是数据挖掘技术在农业领域应用的重要需求。

基于实时墒情、气象、土壤肥力和大宗粮食作物栽培数据的挖掘分析，支撑农业精准生产管理，提高化肥、水、农药等合理投入。例如，吉林省农安县的玉米试验田就采用了基于神经网络集成的6-x-1施肥模型，通过收集来自试验田不同养分的测试点的数据，采用肥料效应函数法对每个测试点的土壤养分含量和产量进行分析比较，从而得出玉米生产过程中施肥量对其最后产量的影响。

数据挖掘可以对农作物的整个生产过程进行风险评估，通过对农作物病害、杂草、品种抗性以及相关的地理环境等元素分析，降低气候异常、病虫害等对粮食安全生产的影响。例如，利用GIS技术对蝗虫暴发和土壤类型、降雨情况以及它们的群种和密度进行研究，通过绘制蝗虫暴发的程度空间分布图来对其进行统计预测。根据山东省1999—2013年玉米田第四代棉铃虫发生程度采集的数据，采用支持向量回归（Support Vector Regression，SVR）算法，构建了玉米田第四代棉铃虫发生程度与其关联因子间的非线性关系模型，实现了棉铃虫的有效防控。

三、养殖数据挖掘

先进技术已经成为智能化养殖发展的重要推动力，能够从养殖个体、群体、环境、投入品等各个方面采集全方位、实时、高频度的养殖信息，通过数据挖掘判定畜禽个体健康情况、饲料配比营养状况，对不同生育期内最佳养殖环境模拟，对个体行为等特征抽取、分类、聚类、预测、关联规则发现、统计分析与预警等，支持高层次的决策分析，保障养殖产品的繁育和生产效率。

（1）数据挖掘在养殖效益分析中的应用。根据养殖原始数据、价格和投入量等，运用数理统计模型、关联分析模型确定目标函数的具体形式，进行趋势预测和定量分析。例如，利用改进的粒子群算法BP神经网络挖掘生猪适宜出栏量时间，分析社会资源需求、自然资源、生态环境、畜禽养殖业与其他行业关系等内在数据联系等。

（2）数据挖掘在养殖管理中的应用。采用联机分析处理（On-Line Analytical Processing，OLAP）技术切片、钻取和旋转多维数据，挖掘不同时期养殖个体营养需要和采食量的内在关系，实现饲料的精准配比与自动补饲。例如，采用视频动态监控与图像特征图，根据不同单位圆内鱼的密集度，评价鱼群对饲料的需求度。通过数据挖掘寻优技术挖掘饲料成本、个体生长速率、销售情况、养殖环境等数据关系，对犊牛活跃度、采食次数、睡觉时长、呼吸率等生理及行为信息挖掘，实现犊牛身体状态自动监测和调节。

第四章　典型农业机器人

2016 年 3 月，随着“阿尔法狗”（AlphaGo）在与韩国围棋名将李世石的世纪大战中轻松胜出，人工智能的旋风又一次席卷全球。拥有“深度学习”（Deep Learning）能力的智慧机器人能否在更多的领域为人类服务，能否在智能方面最终超越人类，以及会不会对人类产生威胁等成为大家讨论的热点话题。农业是关系国计民生的第一产业，将智能机器人技术应用到农业领域，使用农业机器人帮助农民实现更加轻松、更加高效的农业生产，是非常值得期待的智能农业场景。

事实上，农业机器人并不是一个新生事物。最早的农业机器人可以追溯到 20 世纪 70、80 年代的自动驾驶拖拉机。日本科学家近藤直认为农业机器人起源于农业机械，是一种新型的多功能农业机械，是在农业机械中加入智能属性的结果。截至目前，各种农业机器人不断涌现，如剪羊毛机器人、挤奶机器人、移栽机器人、嫁接机器人、采收机器人、除草机器人等。各种智能化技术，如 GPS 导航、机器视觉等也开始大量应用于农业机器人。根据用途和作业特点，现有的农业机器人大致可以划分为畜牧管理机器人、大田耕作管理机器人、果蔬采收机器人、种苗培育机器人、农产品分拣机器人等。受制于农业作业场景、作业任务的复杂性以及当前软硬件技术发展水平，农业机器人虽然种类和样机较多，但是真正达到产品化水平、能够有效提高作业效率的案例屈指可数。较为成功的农业机器人案例要么类似于工业流水线，要么类似于大型农机，例如，挤奶机器人、农产品分拣机器人、自动驾驶拖拉机、除草机器人等。不得不说，无论是与以灵巧机械臂为代表的工业机器人相比，还是与人们传统观念中高智能的变形金刚相比较，农业机器人的发展水平仍存在较大的差距。

由于农业机器人在作业效率方面仍然难以实现对人工和大型农机的全面超越，部分科学家开始转换思路，寻找新的农业机器人应用点和作业模式，期望充分挖掘机器人在农业领域的优势和特长。在此背景下，农业信息采集机器人和农业人机协同作业模式逐步成为当今农业机器人研究的热点。机器人在农业信息采集应用中有着显著的先天性优势：无论是人工还是大型农机，都会受到作业人员易疲劳这一问题的制约，难以实现 24 小时不间断高效运转，从而影响信息采集的及时性和持续性；而农业机器人不存在疲劳的概念，因此在病虫害监测、测产估产等需要连续观测、及时反应的农田信息采集应用中效率优势突出。采用人机协同的作业模式是当前快速提高农业机器人作业效率的有效途径。农业场景复杂、作业对象多样，对农业机器人的智能算法提出了更高的要求。采用人机协同的作业模式，能够充分发挥人类在目标（如被遮挡的果实、杂草等）识别定位、作业路径规划等方面的智慧优势，结合机器人在动力、耐疲劳等方面的优势，实现降低农民劳动强度的高效农业生产。各国研究人员在以上两个热点方向开展了大量的工作，其中较为知名的成果包括德国博世（Bosch）公司的 BoniRob 农业信息采集机器人和日本久保田（Kubota）公司的农业作业辅助外骨骼。

近年来，我国科研人员在农业机器人研发方面付出了坚持不懈的努力，并在飞行植保机器人、嫁接机器人、果蔬采摘机器人、大田除草机器人、农产品分拣机器人等方面取得了可喜的进步。本章将对茄果类嫁接机器人、果蔬采摘机器人、大田除草机器人和农产品分拣机器人这 4 个方面的研究进展进行详细介绍。

第一节　茄果类嫁接机器人

嫁接机器人是采用工业化流水线模式替代人工嫁接作业的机器人技术典型应用案例，其成功应用能够有效降低嫁接作业劳动强度、提高嫁接作业效率，对设施园艺的集约化种苗培育方式具有重要的影响。

一、茄果类嫁接机器人发展现状

我国设施蔬菜栽培面积已超过33万亩（1亩≈667m^2，全书同），年商品种苗需求量达4 000多亿株，市场需求空间巨大。设施育苗连年种植产生的连作障碍和病虫害问题日趋加剧，已严重影响生产。人工嫁接效率低、嫁接苗质量难以保证，加之人口老龄化和务农人员的严重缺乏，人工嫁接无法满足于工厂化育苗的生产需求。因此，自动化嫁接育苗已成为解决我国当前蔬菜种苗周年供应和育苗产业可持续发展的重要方式。

嫁接要解决的问题是换根，进而实现作物抗病和增效。基于机器人技术的自动化嫁接对育苗标准化要求较高，能够实现被嫁接秧苗的切口标准化切削、高精度的切口对接，以及自动切口固定等作业，具有智能、高效、环保等特点。因此，研究自动化嫁接作业生产方式和装备是工厂化育苗发展的必然趋势。

自20世纪80年代起，蔬菜嫁接技术在日本、韩国、中国和欧美各国开始普及。调查显示，日本设施栽培西瓜100%、黄瓜95%、甜瓜90%均采用了嫁接育苗技术，而我国嫁接技术应用比重不足20%。目前，嫁接育苗技术逐渐获得重视，在山东寿光、北京郊区、海南三亚及东北地区已开始采用嫁接技术，并获得了较高的经济效益。虽然嫁接技术在日本、荷兰、法国等农业发达国家已广泛应用，但仅有少数国家开展自动化嫁接技术研究。1986年，日本最先开展自动化嫁接技术研究，韩国在90年代初也紧随其后开展相关研究，目前，日本和韩国的嫁接机器人均实现商品化。中国相关研究起步较晚，技术研究大多集中在高校和科研单位，但均处于实验室样机阶段，尚未实现嫁接机器人的商品化。

由于茄果类作物的砧木和接穗差异性小，茎断面结构简单均为实心体结构，有利于采用机器人技术实现自动化嫁接。目前日本、荷兰、西班牙和意大利等发达国家针对番茄、茄子以及辣椒的嫁接机器人研究处于国际领先地位，其全自动嫁接生产效率为 1 000 ～ 1 200 株 /h，成活率 95% 以上，半自动嫁接生产效率为 300 ～ 400 株 /h，成活率 98% 以上。其中日本的研究成果最早最多，主要集中在 20 世纪 90 年代初到 21 世纪初，主要由 TGR 研究所、日本洋马公司、生研机构等单位主导。日本嫁接机器人具有如下特点：①以砧木和接穗穴盘整盘上苗为作业方式，对秧苗进行整列统一处理；②嫁接方法有贴接法和平接法两种；③切口固定采用嫁接夹和瞬干黏合剂固定方式，智能化程度高、效率高、技术水平相对较高。2012 年荷兰 ISO Group 公司陆续开发出 Gmftll00、1200 型嫁接机器人，该类型产品技术最为先进，采用平接法嫁接，使用可降解专用硅胶嫁接夹进行固定，自动化程度高、结构最为复杂，要求按照欧洲硬质穴盘进行专业育苗。2010 年意大利 Tea 公司推出了 Grafting 1000、HYPERGRAFT 500 型系列嫁接机，设置了可调节的切削机构和自动消毒系统，采用一种不干胶材料固定和瞬干黏合剂固定嫁接苗。2012 年西班牙 Conic 公司推出一种自动上硅胶套管的半自动嫁接机，切口角度一致性高，是半自动嫁接的典型代表。

20 世纪末我国开展茄果类蔬菜嫁接机器人研究以来，尽管在样机作业对象、工作效率和精度方面紧跟国际先进水平，但是在系统整体构型设计和样机试验应用方面，仍然以跟踪模仿为主，不太符合我国目前农艺管理条件现状。国家农业智能装备工程技术研究中心、华南农业大学、浙江大学、西北农林科技大学等对茄果类嫁接方法进行研究，突破了一系列关键技术，但尚未实现商品化应用。

二、茄果类嫁接机器人关键技术与研究热点

嫁接机器人是当今应用较为成功的农业机器人技术之一，其关键技术主要涉及茄果类茎秆标准化切削、秧苗切口匹配与精准对接，以及新型育苗方法与自动化生产系统集成等。

（一）茎秆标准化切削技术

茎秆标准化切削能够获得高质量的切口，是完成自动化嫁接作业的前

提。人工切削角度不一致，且随着作业时间的延长切削质量下降，影响嫁接质量。自动化切削技术能够实现秧苗切削速度、切削力、切削轨迹等参数的标准化作业，可大大提高秧苗切口切削质量。针对茎秆标准化切削技术的研究，应与秧苗生理、物理特性相结合，对实现嫁接机器人柔性作业具有重要意义。

（二）秧苗切口匹配与精准对接技术

与工业机器人作业对象相比，农业机器人的作业对象是具有生命的植物，作业难度更高。秧苗切口匹配技术要求被嫁接的两个植株茎秆茎径误差在 0.5mm 以内。秧苗切口匹配技术针对茄果类作物的生长特点，构建作物标准生长模型，利用机器视觉技术识别嫁接匹配选择，可实现优质快速的嫁接配对选择。被嫁接作物切口精准对位与固定是嫁接的核心，该项技术研究可大大提高机器人嫁接作业的成活率和安全性。

（三）新型育苗方法与自动化生产系统集成

传统育苗方式与农业机器人的生产技术要求不匹配，包括作业环境、育苗方式和管理方法等。嫁接机器人要求按照新型的育苗方式提供标准化秧苗，遵从农机与农艺相结合的研发理念，从种子处理、育苗方式、种植模式和作物品种选育等方面入手，全面提高嫁接机器人与作业对象的适配程度。新型育苗方法与自动化生产作业模式相结合，系统集成后将有助于提高嫁接机器人作业生产效率和应用可靠性。

（四）案例分析

我国是蔬菜产销大国，每年仅茄果类商品苗需求量可达数千亿株，相关技术人员严重缺乏，生产成本与产能矛盾突出，集约化种苗产业急需农业机器人技术装备提升产品质量和功效，以适应现代农业发展需求，因此开展嫁接机器人系统研究和生产应用具有重要意义。

我国研制的茄果类嫁接机器人能够实现茄果类和瓜类作物的通用嫁接。该系统由柔性夹持手机构、秧苗快速切削机构、自动对接与上夹机构、控制系统以及嫁接夹自动供应装置等构成，系统瞄准了嫁接方法的通用性，具备很好的实用性。

茄果类嫁接机器人生产效率可达600株/h，是人工嫁接的3～4倍，嫁接成活率95%以上，配套制定了一系列的新型育苗方法来适应机器人嫁接作业，可大幅提高秧苗品质和产能，广泛适用于各大育苗工厂。

（五）存在的问题与发展策略

1. 存在的问题

嫁接的作业对象是种苗，现有传统种苗生产模式大多仍以人工作业为主，各生产环节与机器人嫁接要求不匹配，是制约嫁接机器人走向成熟应用的瓶颈。因此，从农艺环节颠覆传统生产模式，改造升级新型育苗方法和生产模式，为机器人嫁接提供结构化、标准化作业环境，是农业机器人技术突破和广泛应用发展的必要前提。

当前国内外蔬菜嫁接机器人技术研究已取得了重大突破，国外育苗环境控制技术和生产模式相对完善，但由于嫁接机器人研究成本高，以及受需求量稍弱等限制，尚未实现产业化应用，在作业功效和可靠性、适应性方面仍需进行深入研究。另外，我国现有的生产模式短期内全部改造升级实现困难，将农艺种植模式与嫁接机器人技术研究相结合极为重要，在探索种苗生长特性、柔性末端执行器和控制系统等方面开展研究探索，优化现有技术，开发低成本、可靠性高及实用性强的蔬菜嫁接机器人，全面适应我国特有的生产模式和管理方法为机器人嫁接应用奠定基础。

2. 发展策略

农艺与农技相结合的产品设计理念是提高嫁接机器人适用性的关键。新型育苗生产模式可为嫁接机器人生产作业提供标准化的作业对象，在提高产品质量的同时提升产能。集成机电一体化技术、机器视觉技术和多传感器融合技术，综合生产成本和作业效率等因素，研究性能优异的执行机构和智能控制系统，是实现嫁接机器人高效作业的有效手段。针对被嫁接种苗的生理、物理特性研究则可利用光谱成像技术探索嫁接愈合机理，从而为嫁接机器人技术研究提供理论基础。然后，通过对嫁接机器人平台构型进行优化设计，形成具备多功能的嫁接作业系统。

第二节　果蔬采摘机器人

果蔬采摘机器人，是先进工业技术和装备在农业生产环境进行创新应用的经典案例，在基础理论研究和技术集成应用方面的研究成果，将对现代农业生产的高效发展具有重要影响。

一、果蔬采摘机器人发展现状

随着全球人口老龄化和城镇化进程的不断深入，农业人口流失、人力成本上涨与农产品生产供给需求之间的矛盾，已成为当前农业生产可持续发展面临的重要问题。研发能够代替人类作业的高效率、高质量、低成本的自动化作业机械，是从工程技术角度应对当前形势的重要手段。

由于鲜食果蔬需要具备良好的外观和口感，采收过程中需要对每个果实进行成熟度判断和精准采摘操作，依靠人工采摘劳动强度大、生产成本高，以草莓为例，人工采收成本占总生产成本 25% 以上。因此从鲜食果蔬采收这一劳动密集型环节着手，研究自动化作业生产方式和装备，对于果蔬产品的安全供应和产业可持续发展具有重要意义。

目前，日本、荷兰和美国等发达国家研究的针对番茄、黄瓜以及苹果采摘的机器人处于国际领先地位，其果实目标定位误差小于 10mm，识别准确率 85% 以上，不同对象条件下每工作循环为 10 ～ 50s。其中日本的研究成果最多，而且主要集中在 20 世纪 90 年代初到 21 世纪初，主要由东京大学、冈山大学等单位主导。日本农业机器人具有如下特点：①农业机器人本体类似于工业机器人，有的直接采用了工业机器人机械臂本体，结构紧凑；②智能化程度高，自由度较多，灵活度高；③采用的机器视觉技术比较先进。其典型代表是冈山大学的番茄采摘机器人，采用了 7 自由度工业机械手和彩色摄像机视觉技术，具有避障能力，较为先进。但实用性不高，到目前为止都没有实现商业化，主要是因为运行速度低、采摘成功率低和成本高，而目前最接近商业化的可能是冈山大学的 Kondo N 等人研制的草莓采摘机器人，该机器人从1999年至今一直在不断改进。该草莓机器人采用履带导轨式导航，适用于温室或者大棚条件下规范化种植条件。它采用双目视觉技术，在规范种植下采摘时间已达到每个8秒，目前正致力于推向市场。美国的农业机器人更类似于大型自动化联合收获机械，因为其收获效率很高，更有利于实现商业化，应用到真正的作业环境中，以柑橘收获机器人为代表。美国的Vision Robotics公司正在研制一款最新的柑橘采摘机器人，其视觉扫描系统由一组立体摄像机组成，装在多轴机械臂的末端，利用其创建柑橘树的虚拟三维图像，将柑橘的大小与位置反馈回来，实现8个机械手的采摘运动。

自20世纪末我国开始研发果蔬收获机器人以来，尽管在样机作业对象、工作效率和精度方面紧跟国际先进水平，但是在系统整体构型设计和样机试验应用方面，仍然以跟踪模仿为主，与我国当前农艺管理条件结合度不高。此外我国在解决此类复杂农业环境下目标识别方法研究方面还没有形成可行的技术方案，国外在此方面的研究取得了一定进展，如日本针对草莓和番茄采摘机器人设计的人工补光策略研究，能克服温室多变光学环境；荷兰研究的黄瓜叶片自动识别定位测量方法，有效减少了果实目标受到叶片遮挡无法识别的情况。

二、果蔬采摘机器人关键技术与研究热点

采摘机器人的研究应用是农业智能装备技术领域的前沿热点，主要涉及农业复杂环境下作业目标视觉信息稳定获取、针对生物组织的柔性无损操作以及融合农机农艺的生产系统集成等，这些问题也是限制当前农业机器人走出实验室进行产业应用的主要技术瓶颈。

（一）农业复杂环境下作业目标信息获取

农业环境下不稳定太阳光照、作物丛生无序以及作业对象形态各异等工况条件，极大增加了作业信息获取的难度，是制约农业机器人研究和应用的关键难点之一。针对农业环境下视觉信息的获取方法和装备的研究也是国内农业智能装备技术领域的研究热点。

（二）针对柔嫩果蔬的柔性操作手爪

相对工业机器人，农业机器人的作业对象是生物体，形状尺寸各异，作业环境多变，目标对象位置姿态随机分布。这样对于农业机器人末端操作部件设计需要满足各种需求，实现对目标的无损柔性操作。采用的多传感融合手爪、真空吸附和柔性夹持的方式可对特定作业对象实现无损柔性操作，同时研究农业作业对象的新材料，对于解决农业机器人的柔性操作也具有重要意义。

（三）农机农艺融合的生产系统集成

以人工作业为主体的传统农业生产条件，与机器人对结构化作业环境的要求不相匹配，是制约农业机器人走出实验室进入农田作业的重要因素。基于农机农艺结合的产品设计理念，综合考虑生产效率和成本，改造作物生产种植模式和作物品种特性，提高农业机器人对作业工况的适应性，是促进新型农业智能装备实现产业应用的重要途径。

（四）案例分析

中国是番茄生产和消费大国，全国番茄种植面积达 146 万公顷，其中鲜食番茄种植面积约占 50%。中国番茄消费主要集中在鲜食番茄的消费上，年人均消费量高达 21kg，占全国番茄消费总量 90%。然而番茄依靠人工采摘费用约 1.05 万元 / 亩，占总生产成本 30% 以上，而且劳动强度大，因此面对当前农业人口流失、生产成本高涨的客观现实，开展番茄采摘机器人系统的研究和应用具有重要意义。

我国研制的番茄智能采收系统主要由移动底盘、升降平台、视觉单元、机械臂、采摘手爪、控制系统及其他辅助单元等构成。作为一种采摘机器人通用平台，可用于高架立体栽培模式下不同高度、层次的果实采收，提高了智能采收机器人的实用性。

机器人视觉系统对果串内果粒识别的平均准确率为 83.5%，对果粒视觉对靶的平均偏差为 8.38 像素，果串长度测量平均误差为 8.25mm，宽度测量平均误差为 5.25mm。当前机器人采摘成功率为 83%，单次作业耗时为 12 秒。

（五）存在的问题与发展策略

1. 存在的问题

以人工作业为主体的传统农业生产条件，与机器人对结构化作业环境的要求不相匹配，是制约农业机器人走出实验室进入农田作业的重要因素。相对工业结构化环境，农业生产环境中太阳光照多变、作物丛生无序以及作业对象柔嫩易损等特殊工况条件，是机器人在农业环境下作业所面临的客观问题。

尽管当前国内外在采摘机器人样机的开发和试验应用方面取得了一定进展，但是在作业效率和可靠性方面依然无法达到产业化应用的要求。主要原因在于：面对非结构环境下的具有生物特性的作业对象，工业化机器人技术在信息获取和高效作业方面的应用受到极大限制。另外，在机器整体构型设计的改进和突破以及从农艺技术角度针对我国农业环境和需求方面的研究和分析较少，开发低成本、工作时间长、性能可靠以及容易操作的自动采收机器人是促进其走出实验室、进入农田作业的重要条件。

2. 发展策略

集成多种信息感知单元，在获取作业环境可见的色彩、空间视觉信息基础上，通过融合光谱和激光探测技术，丰富机器人信息感知部件对环境特征的判别依据，克服非结构环境工况条件对机器人信息获取的干扰。

基于农机农艺结合的产品设计理念，综合考虑生产效率和成本，改造作物生产种植模式和作物品种特性，提高农机对作业工况的适应性，是促进新型农业智能装备实现产业应用的重要途径。通过对采摘机器人平台构型进行优化设计，扩展信息感知和任务执行部件，形成具备多种功能的通用作业平台。

第三节　大田除草机器人

随着人们对食品安全要求的提高及农业可持续发展的需求，有机农业生产及农产品越来越受到人们的关注。除草是农业生产中的重要环节，非化学方式除草是摒弃除草剂、生产有机农产品的重要保障。

一、大田除草机器人发展现状

传统的中耕锄草机主要解决行间锄草问题。由于株间苗草集聚，机械锄草难度较大，目前主要依靠人工，导致劳动成本高且效率低。智能株间锄草机器人是一种能够实时识别作物行和苗草信息，并能控制株间锄草刀高速作业的自动锄草装备，具有智能、高效、环保等特点，可大大减少劳动力，提高锄草效率。

智能株间锄草技术的研究多见于欧洲，原因是其政府对除草剂使用的限制，同时日益增加的市场需求也促进了该技术的发展。近年来，美国、日本、加拿大以及中国等国也相继开展了株间智能锄草的研究。

2002 年瑞典哈尔穆斯塔德大学的 Aastmnd 等研制了一种基于机器视觉的锄草机器人移动平台，导航误差为 ±2cm。2003 年英国克兰菲尔德大学研制了一种摆动株间锄草系统，平均株距为 300mm，前进速度在 4km/h 以下时锄草效果良好，8km/h 情况下有 17% 的作物根区域被锄刀入侵。2014 年西班牙塞维利亚大学的 Perez 等设计了一款协作株间锄草机器人，1.2km/h 为最佳的工作速度，8h 连续作业伤苗率为 0.5%。

国内在智能株间锄草机方面的研究起步较晚，现阶段主要以研究部分关键技术为主。苗草信息获取方面，中国农业大学张春龙等提出基于机器视觉的最小耗时、最大包容准确度的作物信息获取方法，试验表明该方法检测平均误差 ±5mm，平均耗时小于 20ms。中国农业机械化科学研究院的毛文华等采用基于多特征的田间杂草识别方法，识别率为 89% ～ 98%，耗时为 157 ～ 252ms。株间锄草装置及运动控制方面，胡炼等研制了一款爪齿株间锄草装置，伤苗率小于 8%。中国农业大学黄小龙设计的一种旋转盘株间锄刀，锄草率为 88.6%，伤苗率为 1.6%。

二、关键技术与研究热点

（一）对行技术

对行技术，是指控制机具或拖拉机实时沿作物行方向运动，且锄刀相对作物行的横向偏差应控制在不会伤害作物范围内。对行分为人工对行和自动对行。人工对行主要依赖于拖拉机驾驶员的驾驶技术。自动对行技术分为锄草机载体导航技术和锄草机自主对行技术。锄草机载体导航技术主要依赖 GPS 或机器视觉对载体进行路径规划和导航。锄草机自主对行技术使用主动横移装置对机器相对作物行的横向偏差进行实时补偿，横向偏差可通过机器视觉和 GPS 获得。

（二）苗草信息获取技术

苗草信息获取技术可分为三类：机器视觉技术、地理信息系统（GIS）技术和近距离传感器实时检测技术。杂草和作物的辨别主要依靠机器视觉技术实现。

机器视觉技术是通过实时采集、处理、分析图像，辨别作物与杂草，并计算作物的位置信息。机器视觉优点在于在大田现场环境下可以对作物和杂草进行实时识别和定位，精度较高，硬件成本相对较低。缺点是视觉信息会受到光线、阴影、遮挡、作物大小、杂草密度、机械振动等因素的影响。

GIS 技术是采用装配 GPS 的播种机或移栽机记录每棵作物的位置信息，整合并绘制成地理种子地图。作物 GPS 坐标配合里程值信息对作物位置进行实时跟踪，并控制株间锄刀相应动作。GIS 方法对作物定位不会受到外界因素的影响，提高了定位精度，但该方法使用前需绘制的地理种子地图，由于地图绘制与锄草作业并不在同一个时间段，因此锄草作业现场出现的新问题无法及时获取；且该方法增大前期投入成本，对机器配套使用提出更高要求；整个系统对里程器的要求大大提高。

近距离传感器检测技术主要是通过使用近距离传感对作物进行识别和

定位，此类传感器的优点是成本较低，操作方便，系统简单。但该类传感器只有当作物靠近时才能检测出来，因此无预判功能；且对机器响应速度提出更高要求；同时机器前进速度受到限制。

（三）锄草装置

锄草末端执行器的性能直接影响锄草的效率。耙和铲仍然是人工锄草的主要工具；中耕除草提高了锄草效率，但只能清除行间杂草。根据株间锄草装置是否有动力源可分为被动锄草装置和主动锄草装置。被动株间锄草装置包括指状锄草刀、弹性锄草齿、垂直轴刷式锄草刀等，当作物相对杂草更健壮时，采用被动锄草既能满足锄草要求同时成本低。主动株间锄草装置可实现避苗和锄草动作，根据其运动形式分为摆动式、旋转式及两种方式的混合。其中摆动式主要由液压缸或气压缸带动锄刀进行往复运动，根据摆动轴线的位置，可分为左右摆动和上下摆动；旋转式根据旋转轴位置分为垂直轴旋转和水平轴旋转，垂直轴旋转方式包括带豁口锄刀、爪齿摆线锄刀等。

（四）存在的问题与发展策略

1. 存在的问题

国内对智能株间锄草技术的研究目前还处于初级阶段，主要针对苗草识别理论研究，没有系统地将科研产品与实际应用相结合，存在的问题主要包括：①机器视觉识别算法耗时过长，对于处理复杂状况，如杂草过多、作物过小等情况，复杂算法使图像处理时间增加，系统实时性降低；②视觉标定方法复杂，采用机器视觉获取作物位置信息，需要准确地标定像素点与实际距离的关系，在大田非结构环境下增加了标定的难度，准确度降低；③锄草装置的研制过于简单，目前国内外主要将重心放在苗草识别及锄刀运动控制的研究上，忽视了锄草执行机构的研制，锄草执行机构直接影响锄草效果、伤苗数量以及作物周边土壤流动状况，对作物生长和产量有直接影响；④液动锄草系统油源易受污染，液压供应主要通过拖拉机配备的液压输出，其输出油液为传动润滑两用油，在拖拉机内起润滑作用，因此油液污染较快，对应用电液比例阀进行调速控制的锄草系统有较严重影响；⑤电驱和气动锄草系统，受到能源供给的限制，续航能力弱，不适宜大田锄草作业；⑥系统集成性能不能满足田间大负载、高速锄草需求，动力系统与锄草机器人速度匹配研究较少，实际这是目前提高锄草精度与效率的关键点，系统整体的鲁棒性较差，实验样机与实际应用差距较远。

2. 发展策略

基于存在的主要技术问题，参考国外发展的历程和趋势，我国的大田除草机器人发展建议包括以下几点：①提高系统实时性，采用不同的苗草信息获取方法，减少作物识别和定位的耗时；②采用非结构环境下的相机标定方法研究，提高视觉系统的稳定性和准确性；③针对特定土质或作物研制专用锄草装置，并将实际锄草效果作为衡量指标；④基于株间锄草作业速度与对作物影响的研究，给株间锄草机的时速设计提供依据；⑤开展整机的研制与试验，不局限于关键技术点的研究，将技术点进行有机整合，研制功能齐全的智能株间锄草机器人；⑥针对中国农业环境和农户要求，研制实用性强、种类多的株间锄草机；⑦通过优化现有技术，将作业效率作为研究重点，研制高效作业的株间锄草机器人。

第四节　农产品分拣机器人

我国是一个农业大国，随着我国社会的进步、生活节奏的加快、饮食结构的变革以及加入世贸组织后参与国际竞争，消费者必然对进入市场的农产品的质量标准和分级包装等有更高的要求。我国目前已经逐步重视对农产品的拣选、分级和包装。农产品产后商品化处理是提高产品竞争力和产品价值的重要手段。通过产后商品化处理，可大幅提高农产品的外观和内部品质，提高其商品价值，是农产品从数量型向质量型、健康型发展的需要，是增强市场竞争力的需要，是进入国际市场、扩大出口的需要。高档次、洁净化的农产品（如水果、蔬菜等）往往需要按照大小尺寸及品质等级标准进行拣选、分类和包装。在分选的过程中，被分选产品的外观形状、内部品质、成熟程度和伤病等特征复杂，人工拣选时对产品等级的判断是根据个人经验，瞬间得出判断结果，其结果往往因人而异，将机器人引入农产品加工车间，可以大幅度提高分选的一致性，降低产品的破损率、提高成产率、降低生产成本和改善劳动条件。农产品分拣机器人是一种新型的智能农业机械装备，它是人工智能检测、自动控制、图像识别技术、光谱分析建模技术、感应器、柔性执行等先进技术的集合。目前，农产品分拣机器人已经有了很大的发展，在农产品生产中广泛使用分拣机器人，将会极大地改变传统农业的劳作模式，降低了对大量劳动力的依赖，实现从传统农业向现代农业转变。

一、农产品分拣机器人发展现状

（一）发达国家农产品分拣机器人的研发概况

发达国家对农产品分拣机器人的研制起步早、投资大、发展快，这些国家农业规模化、多样化、精确化的快速发展，有效地促进了农产品产后分拣机器人与其他智能化农业机械的发展。自 20 世纪 80 年代开始，发达国家根据本国实际，纷纷开始农产品分拣机器人的研发，并相继研制出了适用于不同水果和蔬菜等多种农产品质量品质分级分拣装备。日本是农产品分拣机器人研究最早、市场发育最为成熟的国家之一。目前，日本在果蔬分拣系统及果蔬拣选机器人的研究、开发和使用方面居世界领先地位。英国研制的分拣机器人，采用光电图像识别和提升分拣机械组合装置，把大的番茄和小的樱桃加以区别，然后分拣装运；也能把土豆进行分类，且不擦伤外皮。意大利 UNITEC 公司开发出一系列用于水果及蔬菜采摘后进行体积、尺寸和颜色识别的专用分拣机，能使径向尺寸小于 40mm 的水果分拣速度达到 18 个 /s，大于 40mm 的水果达 12 个 /s。1995 年美国研制成功的 Merling 高速主频计算机视觉水果分级系统，生产率约为 40t/h，已广泛用于苹果、柑橘、桃和番茄等水果的分级。目前，外国基于计算机视觉技术的农产品尤其是水果外观品质分拣技术与装备研究已经较为成熟，公司主要有澳大利亚 GP graders、法国 Maf-Roda 集团、荷兰 Aweta 集团、新西兰 Compac 公司、意大利 Unitec 集团、荷兰 Greefa、美国 FMC 和意大利 Sammo 等。

除了农产品外观品质分拣机器人外，在内部品质在线检测分拣设备研发方面国外也遥遥领先，这方面的研制工作主要集中于国外工厂和制造商。1990 年日本首先推出采用近红外传感器的水果分选系统，20 世纪 90 年代中期该系统开始应用于水果甜度分选。1996 年日本 FANTEC 公司开发了透射式近红外光谱测试技术，可同时测定水果的成熟度、糖度、酸度、苹果中的糖蜜等多种指标，并推出袖珍式 FRUIT 5 装置，测定速度达到 5 个 /s，从而保证了日本国产水果在市场上的销售质量。1998 年日本 Mitsui Mining 公司的 Kawano 等人研发了基于近红外传感器的水果分级线。自此很多制造商也开始进入农产品自动化分拣这一领域，目前，基于近红外传感器的农产品内部品质分级系统较为成熟并已经商品化，主要供应商包括 Aweta（荷兰）、Greefa（荷兰）、Shibuya-Seiki（日本）、Maf-Roda（法国）、FANTEC（日本）、Unitec（意大利）、Taste Tech（新西兰）等公司。

（二）国内农产品分拣机器人的研发概况

20 世纪 90 年代中期，我国开始了水果分拣机器人技术的研发，由于起步晚，与发达国家相比差距明显，农产品分选机器人的应用和发展还面临观念和技术两方面的挑战。但随着中国科技和经济的快速发展，尤其是国家对农产品产后质量的重视和不断加大的农业机械化发展扶持力度，中国农机化事业进入了前所未有的良好发展时期，也为农产品分拣机器人提供了良好发展机遇。国内的研究单位主要有浙江大学、江苏大学、中国农业大学、国家农业智能装备技术研究中心等，相关单位已取得了良好的研究进展，并开发出了相应的产品，尤其是以浙江大学应义斌团队和江苏大学赵杰文团队为代表率先研发出了我国拥有自主知识产权的农产品分拣机器人，其项目“基于计算机视觉的水果品质智能化实时检测分级技术与装备”和“食品、农产品品质无损检测新技术和融合技术的开发”均获得国家发明二等奖。除此之外，目前国内也出现了一些农产品分拣机器人制造企业，比如江西绿盟、北京福润美农、江苏福尔喜、合肥美亚光电等。但是，这些厂家或机构所开发的农产品分拣机器人其分拣对象通常都是水果，指标主要是外观品质。除外部品质分拣机器人外，目前，国内关于农产品内部品质在线检测方面的研究尽管起步较晚，但经过国内相关研究单位的不懈努力，也已取得了一定的成果。研究单位主要包括浙江大学应义斌团队、中国农业大学韩东海团队、江苏大学赵杰文团队、华东交通大学刘燕德团队、国家农业智能装备技术研究中心黄文倩团队等，但是目前对农产品内在品质在线检测分拣机器人的市场应用还没有可见报道。

综上所述，农产品尤其是水果内部品质在线无损检测和分级技术具有广泛的应用前景。国外的研究起步较早，其部分农产品分拣机器人已迅速从实验室研究走向产品化实现。我国也有部分针对农产品外观品质分拣的机器人投入市场，就内部品质分拣机器人而言，相对于国外的进展，我国目前仍处于实验研发阶段，技术还不成熟，更没有自主知识产权的装备投放市场，仍然存在很多关键问题没有充分解决。

二、农产品分拣机器人的应用特点和支撑技术

（一）农产品分拣机器人的应用特点

1. 作业季节性较强

农产品生产季节性较强，因此农产品分拣机器人使用也具有较强的季

节性，并且农产品分拣机器人针对性也较强、功能相对单一，造成农产品分拣机器人利用率较低，增加农产品分拣机器人使用成本。

2. 分拣对象非标准

不同于工业材料，农产品通常具有容易受损的特点，而且由于其是自然生物体，其种类多种多样，形状、大小变化较大，甚至同一种农产品物料其个体之间大小差异性很大，造成农产品分拣机器人的稳定性和适应性变差。

3. 操作对象的特殊性

分拣机器人操作者通常为农民，不具备较高的机械电子知识水平，因此农产品分拣机器人还须具备高可靠性和操作简单的特点。

4. 价格的特殊性

农产品分拣机器人的前期投入较大，结构复杂，研发制造成本较高，导致价格昂贵，超出一般农民的承受能力，如果不具备价格优势，就很难得到普及应用。

（二）农产品分拣机器人的支撑技术

农产品分拣机器人涉及机械设计、信息论、计算机、传感器、控制工程、人工智能等学科，是20世纪发展起来的具有代表性和综合性的高新技术。同工业标准化产品分拣机器人相比，农产品分拣机器人还需要以下技术的支撑。

1. 机器视觉和图像处理技术

机器视觉技术是实现农产品质量品质检测自动化必不可少的技术。通常农产品外观品质的检测分拣均依赖于分拣机器人对所获取的农产品图像特征的正确分析、识别，它是实现农产品外观品质分选最为有效、最普遍的技术。

2. 生物传感器技术

研究生物的化学、光学、声学等特性，开发新的生物传感器，是提高农产品分拣机器人工作可靠性的重要手段。

3. 光谱建模分析技术

目前，光谱技术是被证明最为有效的农产品内部品质检测分拣技术之一，研究有效光谱选择、分析、建模、优化等先进技术，提高模型在农产品分拣机器人工作中的稳定性和可靠性，有助于研发先进的农产品内部质量品质分拣机器人。

4. 智能控制技术

由于农产品特征的复杂性，进行数据建模比较困难，因此，基于模糊逻辑、神经网络和智能模拟技术的自学习功能十分必要，农产品分拣机器人可以在人工的辅助下，不断进行学习，并记忆学习结果，形成自身处理复杂情况的知识库。

5. 关键机械机构设计优化技术

机械体是农产品分拣机器人实施分拣任务的基础组成部分，在满足农产品分拣机器人功能前提下，运用现代设计手段优化设计机械构件，使其尽可能轻巧、简单、紧凑、防损伤，从而达到农产品分拣机器人更强的可靠性，降低损伤以及减少控制系统复杂性的目的。

三、农产品分拣机器人存在的主要问题和建议

目前，农产品分拣机器人发展虽取得了较大进步，但是普及率还很有限，未来要加大农产品分拣机器人的应用，还有很多工作要做。

（一）防损问题

大部分农产品非常容易损伤，农产品在快速拣选的过程中会经过多个分拣功能段，比如清洗、上料提升、输送、分拣卸料、包装等，功能段与功能段之间的过渡很容易造成农产品的损伤，农产品一旦受到损伤，其存贮期将会缩短，也影响其经济价值。

（二）功能单一

目前，农产品分拣机器人所完成的功能相对单一。广泛研究的是基于计算机图像处理的机器视觉技术，然而，该方法仅仅能够实现外观大小、颜色、形状及表皮缺陷等的检测，而农产品内部质量品质的检测对农产品

分拣机器人而言仍然存在很多关键技术需要解决。以水果品质分选为例，无论国际市场还是国内市场，消费者在选购水果时不仅注重大小、颜色和外观形状等外部品质，更重视内部品质如糖度、酸度等指标。因此，应多种方法并用、配备多种传感器、多信息融合开发农产品综合品质分拣机器人。

（三）集成度低

目前，的农产品分拣机器人侧重于分拣功能，而作为农产品产后加工整套环节而言，还应该包括贴标、包装等环节，而这些环节目前主要还仍然靠人工完成，整体产后加工环节集成度较低。

（四）适应普遍性较差

目前，研制出来的农产品分拣机器人大都只针对某一类农产品，甚至某一类农产品的某一种分拣指标，造成了农产品分拣机器人的使用效率低，间接地增加了农产品分拣机器人的成本。同时，农产品分拣机器人通常研究投入成本高，其性价比不能满足市场的需要，成为制约农产品分拣机器人商业化和进一步研究应用的瓶颈问题。

（五）农产品分拣机器人种类少

目前，所研发的农产品分拣机器人主要针对苹果、柑橘等产量较大的水果，而对于一些特色水果（比如杧果、菠萝等）也有很大需求，但是相应的研究却很少，针对蔬菜等其他农产品分拣机器人的研究则更少。

第五章　农业精准作业技术

本章针对大田、果园、设施的水肥药施用与环境调控需求讨论了农业精准作业与智能控制技术。

第一节　拖拉机自动导航

国外先进农业机械装备技术已开始融合现代微电子技术、仪器与控制技术、信息技术，加速向智能化、机电一体化方向发展，已拥有现代农业生产技术装备及配套生产管理技术，形成了系列的智能农业机械化作业装备和高效的生产监控管理体系。各种电子监视、控制装置已应用于复杂农业机械上，光机电液一体化的信息、控制技术在农业装备中的应用，有效提高了农业装备的作业性能和操作性能。在基于 GNSS 精密定位的农田作业机械自动导航系统研究方面，早在 20 世纪 80 年代前，Willrodt 就开始了对农用车辆的自动导航的研究。最近 20 年来，随着计算机和传感器技术的迅猛发展，农业车辆自动导航技术引起了越来越多学者的兴趣。一般来说，车辆导航系统至少由以下三部分组成：提供系统位置信号的传感器；产生系统特定校正信号的控制器；改变系统位置、方位状态的激励器。根据所采用定位传感器的不同，农用车辆导航方法可大致分为基于机械触头导航、激光导航、GPS 导航、机器视觉导航、地磁导航、惯性导航等。其中，以 GPS、机器视觉在导航技术中应用最为广泛，并且具有巨大潜力。GPS 卫星定位系统是对机器本身的绝对定位，适用面广，不限制用户数量，在自动导航中可以与地理信息系统（GIS) 的数字地图联合使用，来确定机器自身位置和方向。有两种厘米级精度的 GPS 在农业车辆导航系统中被广泛采用。一种实时动态 RTK DGPS(Real Time Kinematics Differential GPS) 能每隔 0.2s 刷新定位数据，精度达到 2cm。另一种基于载波相位的 CPD GPS(Carrier Phase Differential GPS)，误差约为 lcm。美国 Stanford 大学研究者率先把用于航天器的 CPD GPS 引入农用车辆自动导航领域，并以此建立了以 John Deere 7800 大型拖拉机为平台的导航控制系统。闭环直线跟踪的试验表明车速为 3.25km/h 时横向偏差的标准差小于 2.5cm。之后，许多研究者对基于 GPS 的农用车辆导航控制进行过研究。研究的对象包括插秧机、拖拉机、喷药机、农用小货车、割草机等，研究的重点主要集中在导航控制方法的设计，如 PID(Proportion Integration Differentiation) 控制、模糊控制、最优控制、神经网络控制、复合控制等。另外，也有一些对路径规划和避障技术进行过研究。如一些学者提出了一种动态路径搜索算法用于农用智能拖拉机沿目标路径和地头掉头时的自动导航。他们利用 RTK GPS 和陀螺仪来确定拖拉机的当前位置，用拖拉机的动力学模型来预测其在下一个时间点的位置。动态路径搜索算法的输出为拖拉机的横向偏差和所需的横摆角。根据这些输出，智能控制器将会产生适当的转向角操纵拖拉机沿着参考路径行驶。为了保证导航的精度和鲁棒性，Noguchi 和 Reid 应用多传感器融合技术，开发了一套集 RTKGPS、陀螺仪和机器视觉于一体的拖拉机自动导航系统。德国 Hohenheim 大学米用两个 Trimble 7400 型 RTK GPS 定位系统在饲料收割机上实现了自动导航。德国 Halle-Wittenberg 大学也在 GPS 导航和多传感器信息融合方面取得了研究成果。芬兰 Modulaire Ltd 公司采用 DGPS 和陀螺仪控制静液压驱动的橡胶履带拖拉机，使它能够按照任意预先给定的全局路径作业。荷兰农业与环境研究所采用 RTK GPS 技术对农具的工作轨迹进行控制，减少了农具在工作中的偏移。

国外对农用车辆自动导航技术的研究起步较早，已经取得了一些成果，而且有一些技术已经转化为商品。农机自动导航设备生产商以美国天宝 (Trimble) 公司和加拿大 Hemisphere 公司为代表。美国 Trimble 公司的 Autopilot 自动驾驶系统由中文彩色显示器（内置一体化 GPS 接收机）、GPS 卫星天线、方向传感器和液压控制组件等组成，作业精度是±（50 ~ 100mm)。加拿大 Hemisphere 公司的 Outback S3 自动驾驶系统由 A220 双频 GPS 接收器、Outback S3 农用导航仪和 eDriveTC 自动驾驶仪等组成，主要差分模式为 OmniSTAR HP/XP 和 SBAS/DGPS，行间精度是 100mm。

国内基于卫星导航技术的农机自动导航系统的开发研究起步相对较晚，始于 20 世纪 90 年代，大多借鉴了美国和日本的先进经验。浙江大学对基于 GPS 和传感器技术的农用车辆自动导航系统进行了研究，利用低成本 GPS 和固态惯性传感器技术为农用作业机械提供亚米级定位精度的定位信息，同时建立了农用作业机械运动学和动力学模型以估计其运动轨迹和操纵控制，这一农用作业机械模型在导航控制研究领域具有一定的通用性。为了提高导航定位精度和定位数据输出频率，开发了基于 PVA 模型和多传感器信息融合技术的 Kalman 滤波器，仿真结果显示，该 Kalman 滤波器可以提供高达 50Hz 的定位数据输出频率，定位误差在 0.1 ~ 0.5m。华南农业大学将 GPS 技术、计算机技术、传感器技术进行集成，研制了一种以蓄电池为电源、电动机为动力的农用智能移动作业平台，以 DGPS、电子罗盘为主要导航传感器，在样机模型上建立了 DGPS 导航控制系统，设计了基于预瞄跟随的导航控制算法，其核心是由航向偏差线性决定驱动轮速度差。使用该导航控制系统，农用智能移动作业平台样机模型可以实现预定义路线跟踪，直线跟踪精度在 1m 以内，曲线跟踪误差较大，达到 2m。中国农业大学研究了在铁牛 654 拖拉机上搭建 DGPS 自动驾驶系统的硬件组成及关键技术，重点设计了自动驾驶控制的软件系统。

国外农机自动导航技术的研究开发应用已被广泛重视，商品化产品已广泛应用。日本等国家针对资源短缺、涉农人员减少、老龄化等现实，提高管理水平和劳动生产率，实现省力化，研究开发了多种基于 GNSS 技术的高性能农机自动导航系统。随着我国现代农业的快速发展，新的农业生产模式和新技术的应用，对农机自动导航技术在农业生产中的应用需求逐步显现。由于农业生产的季节性、农产品的价格、农业作业的复杂性等特点对农机自动导航系统的性价比、智能提出较高的要求，成为制约农机自动异航技术研究应用的瓶颈问题。基于 GNSS 精密定位技术的农业机械自动导航技术朝着高精度和无人驾驶方向发展，作业控制系统研究开始应用网络化、光机电液一体化、智能化控制技术并逐步成熟。因此，结合典型农田作业环节，将 GNSS 高精度导航定位技术应用于农业智能装备领域，开展基于 GNSS 的农田作业机械自动导航关键技术研究开发，将能有效地推动农业领域技术进步和农业智能装备技术应用水平，缩短与发达国家在本领域的差距，促进农田作业机械自动导航技术实用化。

第二节 农机作业智能测控

我国农机装备行业发展迅速，但农机装备产品的技术水平和质量与发达国家有较大差距，现有主要农机产品可靠性低、作业质量差。如我国拖拉机的平均无故障作业时间为100h左右，发达国家拖拉机无故障作业时间高于300h；我国自走式联合收割机的平均无故障作业时间一般在30～40h，发达国家自走式联合收割机的平均无故障作业时间一般在70～100h。广泛应用现代信息、传感与控制技术是国外农业装备质量较高的主要原因。卫星导航、现代液压技术、控制技术、微电子技术和信息技术在国外农业装备上随处可见，使得国外现代农业装备向着智能化、机电一体化方向快速发展。装备作业故障在发生早期就由各种监测传感器实时监测，以便作业人员及早处理。智能作业装备作业过程信号实时监测也使得作业人员能使得作业装备尽可能运行在最佳工况，这是提高设备寿命和无故障率的重要手段。

联合收割机在农业发展过程中发挥着越来越重要的作用，高自动化和高智能化已经成为近些年联合收割机的发展趋势。各种电子仪表监视装置以及电器、液压控制和液压驱动等先进技术也更多地应用到联合收割机上。例如，纽荷兰、迪尔等公司的收割机上使用了电子信息、电子驾驶操纵等系统来监测控制随机工作性能参数，如实际行驶速度、发动机转速、滑转率、动力输出轴、转速、作业面积、作业效率及工作时间等。日本在小型收割机研究上投入了大量资源力量，久保田研制的PR0208半喂入式联合收割机对输送螺旋杆处堵塞、集装箱装满、水温、发动机油温、燃油油位等参数进行监测，从而实现监控报警和自动控制功能。我国联合收割机的监测系统起步较晚，机械自动化及电子技术水平相对落后，与国际水平尚有一定差距。

在拖拉机的智能产品研发方面，约翰迪尔、凯斯等国外品牌研制了激光平地设备、播种监控设备、精量喷药设备、拖拉机自动驾驶导航系统、实时收获测产系统等一批智能化作业装备，虽然其已经在我国黑龙江农垦、新疆建设兵团等规模化农场推广应用，但这些设备几乎都被美国天宝公司、拓普康公司、迪尔公司等国外公司所垄断，这种完全依赖进口农业装备支撑的规模化大农业生产方式，对保障国家粮食安全暗藏着巨大隐患。

化学肥料的合理使用是我国各地减少环境污染和降低农业生产成本的重要途径。利用处方图变量施肥是实现肥料合理利用的有效手段，但由于处方图制作过程复杂，因此实际生产中还无法大面积应用普及，随着传感技术的发展，针对作物的具体长势，通过对作物生长信息实现动态施肥管理，利用传感器根据作物冠层信息进行活体在线监测，实现大田作物实时在线诊断和机械化变量施肥，可以有效地提高化学肥料的利用效率和增加单位面积的粮食产量。另外，由于我国农业生产方式从南到北存在着较大的差异，农户的生产规模也存在分散、小规模、中等规模和大规模种植四种方式，单一形式的智能化变量施肥装置无法实现各种规模种植条件下的所有施肥作业。分散经营农户由于土地经营面积小，无法实现机械辅助作业下的变量施肥作业，但农民又迫切需要根据种植作物品种，实现均衡化营养施肥，因此需要研发一种装置可以结合作物长势，通过冠层现场测试，为他们提供一种特殊配比的化学肥料，实现小面积土壤上的平衡施肥。而对于可以利用小型装备进行小规模种植的农户，则可实现传感器实时测定，机载变量同步作业的工作方式。另外，也有一些机械化种植作业的农户，其种植地块土壤内部不同养分的含量缺乏程度差异较大，在进行农田作业的同时迫切需要完成机械化处方图多种肥料的变量施肥；而对于中等经营规模的农户，若采用小规模农户机械化平衡施肥方式，则作业效率较为低下，农户积极性低，因此必须针对他们的生产方式，开发出与他们生产方式配套的机械化施肥方式。

作物的苗全苗状是粮食高产的基本保证，作物播种时种子处在良好的苗床环境中是精准播种的重要指标，随着种子化肥价格的日益上涨，播种时过量投入种肥，既增加了生产的投入，同时也为后续作业增加了劳动量。合理的播种深度要求开沟深度稳定，播深均匀一致，播得太深，种子发芽时所需的空气不足，幼芽不易出土；播得太浅，会造成水分不足而影响种子发芽。基于电液控制的播深调节技术，不仅能够保证播深均匀一致，保证作物的发芽生长，而且能够实现精准播种作业，大量节约种子，从而提高播种作业的工作效率。同时，播种过程中堵漏监测技术一直未能在国内播种机上真正实用化，之前的研究开发也未能解决传感器和监测装置的可靠性问题。特别是随着保护性耕作机具的推广应用，原茬地和不同土壤条件下播种作业的高可靠性堵漏监控是一个亟待解决的问题。同时，播种过程没有明显地上导航标志，如何提高播种质量，避免重播、漏播也是精准播种技术解决的问题。因此，从技术和应用需求角度上看，亟须解决免耕或原茬地条件下播种作业过程中播种作业易堵漏、播种深度不一、重播漏播等关键技术问题，开发相应先进适用的技术产品。

随着农业生产方式由传统农业向现代农业的转变，农机装备也加速向大型化、智能化、集群化的方向发展。通过对农机田间作业工况进行实时采集来实现农机集群的远程监控和维护，对于农机产品运维和服务方式的转变，具有十分重要的意义。传统的农业机械运行维护主要是分散式、救火队式，严重依赖于人工经验的服务模式，当农机发生故障之后再采取措施进行处理。随着大型农机装备数量的快速增长和农业机械集群化的发展趋势，有经验的农机机手和维护人员越来越短缺，传统的农业机械运维服务模式已经不能跟上农业装备现代化发展的步伐。因此迫切需要研究农业机械集群远程运维服务技术，建立远程运维平台，对农业机械集群进行高效的运维服务。

农业技术装备在人类社会发展、保障世界食物安全和农业现代化进程中具有极其重要的战略地位。发达国家在 20 世纪 70 年代中期开始，加快了农业机械装备与应用电子技术的研究及产业化开发，一批机电液一体化技术产品迅速开发出来并装备到农业机械上，实现了农业机械化作业的高效率、高质量、低成本和农田作业的舒适性与安全性。进入 20 世纪 90 年代，为大幅度提高生产效率，智能拖拉机与田间自动导航的自走式农业机械和农业机器人逐步在生产中得到应用，进一步提高了农业生产效率。我国目前正处于农业装备的快速发展阶段，但是智能化水平较低。2002 年，全国机械化耕播收综合机械化水平仅为 30.5%，耕地、播种、收获水平分别为 47.1%、26.6% 和 18.3%。农业劳动生产率低于世界平均水平，与发达国家相差几十倍甚至上百倍。目前，我国农业装备的综合技术水平仅相当于发达国家20世纪六七十年代的水平，研发和创新的技术储备严重缺乏，适用品种少、水平低、可靠性差，远不能适应现代农业生产发展的需要，严重滞后于农业生产技术的发展，国家每年不得不花费数十亿元进口农业智能装备。全国人大常委会第十次会议于2004年6月25日通过了《中华人民共和国农业机械化促进法》，并自2004年11月1日起施行，开始了我国农业装备事业发展新的战略机遇期，积极开展农业智能装备技术的研究开发，符合我国未来农业发展的国家战略需求。保障国家食品安全，巩固和提高农业综合生产能力，迫切需要突破产业发展的技术“瓶颈”。人口增长、资源约束、人民生活质量提高和农村劳动力转移，对农业生产能力提出更高的要求。要确保农产品有效供给，提高品质和质量，保障农产品质量安全，必须依靠科技创新，深入挖掘生物遗传潜力，创新种养模式，大幅度提高土地生产率。现代农业技术装备是现代农业发展的物质基础，我国农业机械化研究和应用已经取得了相当成绩，但是在农业机械装备的自动化、信息化和智能化等技术方面的研究尚处于起步阶段，而且由于经济、地理等诸多因素的影响各地区间及主要农业作业项目间发展极不平衡，与欧美、日本等发达国家相比更是相差甚远，这就迫切需要我们加快农业发展的步伐，大力开展农业机械装备的自动化、信息化和智能化等技术方面的研究，提高农用移动作业机械的智能化水平。

第三节　果树对靶施药

根据2014年全国水果生产形势分析会发布的数据，我国果园种植面积接近1.89亿亩，已成为世界第一大水果生产国。长期以来，果园种植模式主要以小面积个体经营为主，果木种植不规范，园区作业缺乏合理的规划，导致果园作业无法引入智能机械，果园作业机械化程度低。

一、我国果园施药作业现状

果园病虫害防治是果园中最主要的、劳动强度最大的作业，一般每年要喷药8 ~ 12次。目前果园中大多采用高压喷枪作淋洗式的喷雾方法，沉积到果树上的药液量不到20%，其余的大量农药流失到土壤和周围的环境中，使环境受到污染，而且操作人员的劳动强度大、条件差、生产效率低。喷药作业的方式直接影响着果树生长、产量、果品质量、经济效益及生活环境。以北京市为例，全市231万亩果园有动力喷雾机26777台，平均86亩果园有一台，其中多数以简易人力或电动喷药机为主，这些机械远不能满足果园病虫害的防治需求。

随着先进理念的引进以及人力成本的增加，我国果园经营方式开始发生转变，中大型果园逐渐引入西方种植模式。成规模的果园无法承受人工增加所带来的成本压力，而人工效率低下造成的病虫害防治不及时将导致果品品质下降，这些因素导致果园迫切需要引入果园智能喷药机，提高果园喷药的机械化和智能化水平。而规范的果木分布与完善的配套设施也为果园喷药机的应用提供了有利条件。

二、基于靶标探测的智能施药

精细农业果园生产管理中，单棵果树是最小的作业单元，果树的位置、树冠大小是果树施肥、灌溉和果树病虫害防治中确定投入量多少的重要依据。无靶标喷施造成的靶标以外大量农药沉积是果园农药残留的主要原因之一，对靶喷药技术是降低农药残留的有效手段，其关键技术是靶标探测技术。目前果园靶标探测主要采用红外、图像和超声等探测技术感知果树冠层形状及位置信息，该方法能准确判断稠密树冠存在与否，甚至能很好地探测出靶标外形轮廓。

国内靶标探测器已经能够实现农作物探测、喷雾动作执行等一系列动作，动作灵敏，能够初步满足生产要求，但仍然存在着一系列问题，即探测器探测到任何靶标时都会动作，包括一些非植物障碍物，如枯树、电线杆、栅栏、麦茬等，给这些靶标喷施农药也会造成浪费和环境污染。由于作物植株之间有空间，一般还有不等株距和缺苗现象，喷在植株之间的药液不能有效地沉积在植株上，形成无效喷药，不仅影响了喷药防治效果，且浪费药液，增加防治成本，加剧了对环境的污染。解决传统的连续喷药效率低的有效途径之一是将连续喷药变为按需间歇喷药。为此，将自动化技术与喷雾技术相结合，根据对植株目标的自动识别和控制，实现对靶喷药，达到只对目标物实施喷药的目的。

三、靶标探测技术

（一）靶标光谱探测技术

靶标光谱探测基于红外光漫反射探测原理，采用红外发光器发射红外光，通过果树靶标叶面反射，远距离聚光，光敏元件接收反射光，经过自然光降噪和电路处理，将检测到的靶标信息转换为电压信号。

北京农业智能装备技术研究中心的邓巍等通过优化红外发射电源系统，形成了包括正弦波振荡器、整流电桥、直流偏置、加法器、窄带滤波器和大功率压控电流源组成的电源系统，使光强度可以正弦方式变化、光强稳定且波形失真小、正弦信号较纯净。在红外探测光路上增加了凸透镜和颜色传感器及对红外发射进行不同编码的调制等其他辅助方法来提高红外靶标探测的性能，减少其他信号的干扰，增加红外探测的距离和精度。

南京农业大学的何雄奎等利用红外发射模块与红外接收模块搭建的靶标探测电路来探测靶标的有无，通过红外自动对靶系统分别分布在靶标高度范围的上中下三段，探测当前对应高度靶标的有无来控制喷头电磁阀的动作，实现对靶施药。

红外靶标探测技术的缺点是，易受环境条件影响，靶标信息量获取单一，难以满足精准施药的要求。

（二）超声靶标探测技术

超声靶标探测主要利用超声波回波原理，通过分布在不同高度位置的超声波传感器在移动中对靶标、冠层边缘进行距离扫描测量，根据靶标冠层的距离扫描值绘制出靶标冠层的直径及外形轮廓信息。

北京农业智能装备技术研究中心王秀、西北农林科技大学的翟长远等利用超声波传感器技术进行果树靶标的探测，用多个超声波传感器对果树靶标进行冠层扫描，根据距离扫描值计算获取了靶标的体积信息。

华南农业大学的俞龙等在超声波探测基础之上结合了姿态航向参考系统 (Attitude and Heading Reference System，AHRS)，通过 AHRS 可实现车辆坐标系到大地坐标系的空间坐标的旋转和平移转换，由此直接获得基于大地坐标的果树靶标的距离点阵信息。通过坐标转换获得的靶标体积更为准确。

实际作业过程中，为提高探测精度，采用前置的若干超声波传感器组成探测列阵，信号经过滤波以及转换电路，传输给控制器集中处理，结合拖拉机作业状态，实现了对果树树冠的动态体积测量。

超声靶标探测技术依赖于传感器本身的精度和传感器的数量，基于定点位置和有限点探测，对于不同的果树靶标，需要重新校验，难以适应果园的复杂环境，测量精度也不高。

（三）激光靶标探测技术

激光靶标探测采用连续波相位式激光测距扫描，根据波段的频率对激光束进行幅度调制并测定调制光往返测线所产生的相位延迟和调制光的波长，换算探测距离。采用旋镜技术实现二维扫描，结合拖拉机的运动状态，实现对靶标的三维扫描。

国外学者在激光靶标探测方面做了深入研究。莱里达大学的 Joan R.Resell 等利用二维激光雷达扫描果树靶标，能够快速地进行非破坏性获取靶标的三维结构，包括几何形状、大小、高度、截面等信息，获得的数字化靶标三维结构模型与真正的革E标有着良好的一致性。Joan Ramon等同样利用激光雷达进行了非破坏性的靶标体积测量，构建了三维数字模型，获得了果树的树面积指数，再由树面积指数计算获得靶标的叶面积指数（Leaf Area Index，LAI)，同时与进行破坏性试验的数据进行比较，获得了作物叶面积。

国内研究人员也开展了果园靶标激光探测技术的研究。北京农业信息技术研究中心王秀、胡培等设计了激光靶标体积检测系统，通过上位机调节步进电动机的转速及激光传感器的扫描频率，利用步进电动机带动激光传感器精确运动来检测果树体积。耿顺山利用激光扫描仪扫描作业面，当扫描到有靶标存在时，控制喷头打开进行喷药，没有靶标时控制喷头关闭。刘华、俞龙等利用激光传感器和激光扫描仪进行靶标测距与扫描，对靶标进行距离扫描，并根据距离重构靶标三维模型。

激光传感器适于远距离工作，激光束的方向性极好，抗干扰性能强。采用激光扫描进行靶标探测，较红外探测以及激光探测具有更大探测距离和更闻探测精度，但是成本比较闻。

（四）基于图像处理的靶标探测技术

基于图像处理的靶标探测技术主要采用CCD(Charge Coupled Device)相机拍照与图像处理相结合的方法探测靶标信息。

国内有一些学者进行这一技术的探索性研究。贵州大学的张富贵等通过相机静态拍摄靶标，利用MATLAB进行图像处理获得靶标的树叶稀密程度。

在靶标的体积探测方面，华南农业大学的李松等利用单幅靶标图像处理后获得无背景的二值化图像，对果树靶标采用旋转体模型，获得果树靶标的冠形轮廓。由单幅图像重构的靶标三维模型能够较好地符合实际的靶标外形；但当靶标外形不对称时，重构的靶标三维模型会有较大的误差。

新疆农业大学的王磊等利用多幅图像测量靶标的冠层体积和叶面积指数，在靶标旁放置一个长度已知的木棒作为标尺，以靶标为中心在一定拍摄半径上围绕靶标拍摄若干图像，通过靶标图像中标尺大小和实际的标尺长度计算出靶标冠层体积；将靶标冠层中一定高度范围内的叶片采摘形成空层，由上述方法计算其体积。

基于图像技术的靶标探测技术可以反映靶标的特征信息，但图像技术对光照条件和信息提取要求较高，图像处理速度还不能满足实际作业要求。

四、对靶施药的经济性与环保性

果树对靶施药主要通过拖拉机牵引，采用不同的靶标传感探测技术精确探测果树靶标，结合拖拉机的作业状态，利用微计算机控制喷洒喷头，实现根据靶标信息智能变量施药的目的。整个系统自动作业，只需一人操作，降低人力成本，可有效提高农药利用率，降低药液损失和防治成本，同时减少环境污染，降低水果农药残留，符合国家环保和“三农”政策。

第四节　设施蔬菜水肥一体化

我国是蔬菜生产和消费大国，近年来，对蔬菜需求量呈现快速增长的趋势，蔬菜播种面积以每年 2% 的速度增长，2014 年达到 2140.5 万公顷。与种植粮食作物的农田相比，设施蔬菜地具有施肥量大、灌溉频繁的特点，平均每公顷施氮量是大田作物的 4.5 ~ 10 倍，灌溉量达到 4 ~ 7 倍，特别是灌溉施肥配套技术落后、过量施用化肥及不合理的灌溉管理措施造成土壤酸化、次生盐渍化、硝态氮淋失、养分比例失调以及有害微生物的大量繁殖，从而导致蔬菜产量、品质降低，不仅造成了水分和肥料的大量浪费，同时也产生了突出的土壤退化及农业面源污染等生态与环境问题，成为限制我国设施蔬菜可持续发展的主要因素。

水肥一体化是利用压力和管道灌溉系统，将可溶性固体肥料或液体肥料溶解在水中通过滴头和管道形成滴灌供应给作物吸收利用的一项农业技术。这项技术具有节水、节肥、省工等众多优点，是目前较为先进的农田灌溉新技术之一。水肥一体化技术可以大幅提高水肥利用率，并且可以根据蔬菜作物各生育时期对水肥的需求规律，实现作物各生育期水肥的定量、精准供给。

一、水肥一体化在设施蔬菜中的应用

水肥一体化技术是现代农业发展的必然，在设施蔬菜生产中具有重要的作用。温室大棚是设施农业最基本的技术实现形式之一，由于它是一个相对封闭的空间，无法直接利用降雨，设施蔬菜生长所需水分完全依靠引水灌溉进行供应。灌溉施肥设备是设施蔬菜的重要组成部分，良好的灌溉施肥技术是设施蔬菜生产的基本保证。由于设施作物与农田作物相比，其生产环境有较大差别，一些适合露地栽培的节水技术（如大型喷灌技术等）并不适宜在温室大棚等设施生产中使用。温室大棚作为一种现代高效农业栽培设施，采用节水灌溉技术除了能节水外，对其增产、增收等效果也提出了更高的要求。

水肥一体化技术被认为是现阶段最适用于设施蔬菜的一种灌溉施肥技术，在温室大棚栽培和无土栽培灌溉施肥应用中占有重要的地位。当前，以色列、美国、日本等许多发达国家设施蔬菜的生产已经广泛采用水肥一体化技术。其中，以色列设施蔬菜内部环境因素大部分实现了微机控制。美国、日本等设施蔬菜栽培中的灌溉施肥方式绝大多数应用了高效的滴灌施肥技术，实现农业生产现代化。

随着城乡“菜篮子”工程的迅速发展，我国大力推广和发展设施蔬菜。我国设施蔬菜生产多数采用传统的灌溉技术，水肥利用率低下，因此发展与设施蔬菜相配套的水肥一体化技术尤为重要。水肥一体化技术的广泛应用，既有助于破解目前在发展现代农业过程中面临的水资源匮乏难题，又可改善蔬菜等设施作物的生产环境、降低生产成本、提高经济效益，实现资源节约和环境友好的目标。随着工农业技术的进步，设施蔬菜生产已开始采用各种数控（自动化控制）系统，极大地提高了灌溉施肥工作的效率和水肥管理水平。水肥一体化系统已逐渐成为设施蔬菜灌溉施肥系统中的重要基本配套设备。

随着设施蔬菜的发展，现代农业高效用水的需要对设施蔬菜生产灌溉管理的要求越来越高。近年来，许多国家一直将设施蔬菜中的灌溉施肥技术作为一项重要研究课题，进而开展大量的研究和试验工作，尤其是设施蔬菜中水肥一体化系统的自动化控制及其在作物上应用效果研究。经过20多年的发展，我国设施蔬菜水肥一体化技术有了很大的进步，但总体上我国设施节水灌溉技术在诸多方面与发达国家仍存在较大差距，仍需要引进和吸收国外的先进技术。

二、智能灌溉施肥设备

目前很多先进国家水肥一体化设备采用互联网技术、EC/pH综合控制、气候控制系统、循环加热降温系统、自动排水反冲洗系统、喷雾控制系统等，全自动混配肥、精准、智能化灌溉施肥管控一体化的产品已成规模化生产。以色列Eldarshany公司生产的Frtimix、FertigaK Fertijet自动灌溉施肥器等产品，采用先进的Galileo/Elgal系列计算机控制系统，结合灵活多变的组态化操作界面，能够为用户提供专家级灌溉施肥服务。耐特菲姆 (Netafim) 公司的灌溉施肥产品 NETAJET、FERTIKIT 已实现标准化和规格化。对所需要的器件设备都可进行灵活组装，完整的组建设备由计算机控制，快速方便，全部自动化，采用全新的混肥技术无空气混肥，功耗低，水、肥参数控制非常稳定。荷兰 Priva 公司的 NuterFit、Nutriflex 和 Nutrijet 二种系列灌溉施肥机全部实现了在水肥一体化工作的精确性，作物一对一管理，无须水泵，采用标准模块组件实现多种科学水肥配比方案。

截至目前，我国现代化设施蔬菜栽培中采用的先进灌溉设备几乎都引自设施农业发达的欧美国家，但系统设备成本高，扩展性差，操作繁琐，英文界面，技术门槛高。国内正在开展自动化精量灌溉施肥机研制与开发，采用 PLC(Programmable Logic Controller) 控制技术、PWM(Pulse Width Modulation) 调节技术、模糊逻辑控制，在线监测系统，实现精确配肥与灌溉。天津水利科学研究所研制的 FICS 型温室滴灌施肥机，采用人工干预、定时定量、条件控制三种方式，功能性强。北京农业信息技术研究中心早期研制的“肥能达”施肥机，高效自动化精量灌溉，施肥模式逻辑性强，中文界面、统一软件管理，旁路安装。以上产品实现了自动化的水肥灌溉，但智能程度不高，系统控制方式单一，以定时控制系统为主，功能不全面，可靠性、稳定性、EC/pH 长期准确度差，通用性差。近年来，国家农业智能装备工程技术研究中心针对不同生产区域、栽培作物、作物品种、栽培模式、管理体系等需求研发了系列水肥一体化综合管理系统与智能装备，如 M-WF 型、AWF 型水肥一体化智能装备，在北京、内蒙古、重庆、江西等地示范推广，取得了良好的示范效应和用户好评。同时，针对北京、宁夏、新疆等地有机蔬菜生产基地的特殊需求，研发了有机水肥一体化智能装备及控制系统，在人机交互操作下，通过可编程控制系统对有机营养液制备、营养液配比与灌溉的智能管控，应用于设施、大田及果园作物的有机生产中，实现有机水肥一体化智能管理。在以上研究开发的基础上，针对我国大型农业园区的水肥施用量普遍偏高，过多的灌溉导致作物根系缺氧、田间病虫害严重、养分淋洗损失、地下水污染等问题，开发了基于物联网技术的大型园区分布式水肥管理系统，以实现高产高效、节水低耗为目标，融节水灌溉技术、农艺节水技术、管理节水技术为一体，谋求经济效益、社会效益、生态环境效益等综合效应的最佳效果。以不同作物生育期内水肥管理为研究对象，结合不同作物生理发育时间、水肥需求规律，进行环境、生态因子特征指数选取与调整，构建以不同作物生长发育模型为基础的水肥一体化决策模型和水肥一体化装备的配套高效高产栽培技术体系。实现大型设施蔬菜生产基地的水肥管理的互联互通，管理所有的“物联网”精准灌溉控制系统，建立大型园区或基地的设施蔬菜水肥管理网络，实现设施蔬菜生产基地的少人化管理，降低生产成本，提高设施蔬菜的产量和品质，提高园区综合经济效益，促进设施农业的信息化和智能化发展。

三、设施蔬菜水肥一体化发展趋势

（一）设施蔬菜水肥一体化向科学化方向发展

1. 设施蔬菜水肥需求特征大数据分析与一体化控制策略研究

通过收集整理国内外关于设施蔬菜水肥需求特征的海量数据，融合设施蔬菜温室内实时获取的环境因子数据，采用在线分析处理、多源数据回归、数据智能筛分等大数据分析技术，挖掘形成典型设施蔬菜的水肥吸收规律定量化分析结果及控制阈值。基于大数据的整理剖析，提出基于设施蔬菜生育期的水肥需求规律，从定植或播种开始，按照作物生育期的进展，结合生长环境因子的变化构建水肥应用的控制策略，在实际应用中进行验证和调整，逐步完善优化不同栽培种类和栽培环境的水肥需求优化控制策略。

2. 设施蔬菜水肥一体化专用高效肥料筛选与开发

根据不同栽培季节、不同作物种类的养分吸收规律，结合提高作物生长后期土壤根际微生物活性的要求，针对性地研发可溶性强、养分浓度高、营养配比合理的水肥一体化专用肥料和全溶性的营养液肥。以有机物料为发酵原材料，根据设施有机栽培中主要作物生育规律和养分需求特征，发酵富含有益微生物的高 N、高 P、高 K 有机液肥；再通过对有机液肥中微量营养元素的补充与调配，继而开发多功能蔬菜专用性有机液肥。

3. 设施蔬菜水肥一体化技术智能化发展趋势

以设施蔬菜优质高产、大幅度降低水肥消耗为基本目标，基于设施蔬菜集群水肥耦合机理构建的智能决策模型，采用分布式管道与专用管道相结合的水肥通道，构建由中央控制系统、肥料配比系统、管道输送系统以及局部监测系统等部分组成的水肥一体化精准管理系统体系；借助物联网技术和最优化管道设计理念，开展配套的水肥一体化智能装备升级的研究，实现对集群设施蔬菜水分和肥料的集中管理和配比；并根据不同作物种类、不同土壤肥力、不同生育期以及不同栽培茬口的作物水肥需求特征，建立分布式的控制模块单元，采集并分析作物生长特征与环境因子信息，实现对控制单元中作物水肥的一体化精确管控。

（二）设施蔬菜灌水肥一体化标准化体系

1. 设施蔬菜水肥一体化系统节水器材标准化

目前，市场上节水器材规格参差不齐，严重制约了我国节水灌溉事业的发展。因此在未来的发展中，通过节水器材技术标准、技术规范和管理规程的编制，逐步形成行业标准和国家标准，以规范节水器材生产，减少因为节水器材不规范而引起的浪费，提高水肥利用效率。

2. 水肥一体化技术规范标准化的逐渐形成

目前的水肥一体化各个施肥环节没有形成统一标准，效率低下，因而在未来的水肥一体化进程中，应对设备选择、设备安装、栽培、施肥、灌溉制度等各个环节进行规范，以此形成技术标准，提高效率。

（三）设施蔬菜水肥一体化技术规模化、区域化和产业化发展

当前设施蔬菜水肥一体化技术已经由过去局部试验示范发展为大面积推广应用，辐射范围由华北地区扩大到西北干旱区、东北寒温带和华南亚热带地区，覆盖了设施栽培、无土栽培等多种栽培模式。华南地区利用灌溉注入有机液肥等技术形式使水肥一体化技术日趋丰富和完善。

另外，设施蔬菜水肥一体化技术未来发展方向表现为由过去单体设施结构或者小面积的管理系统，发展为大型园区或生产基地的设施蔬菜水肥一体化的集中综合管理，可以进一步升级实现更大区域的若干个园区或生产基地作物水肥一体化的集中综合管理，既便于小范围的控制，也便于宏观控制和生产管理决策。

第五节　设施环境智能调控

温室是农业生产摆脱自然条件制约，实现反季节生产，提高土地出产率、增加作物产量的重要现代化农业设施。一切生物都有其生长所需的适宜环境。对于作物而言，其生长发育、代谢水平、物质合成与积累除取决于其本身的遗传特性外，还决定于其在一定时间尺度内所交互的各个环境因子。现代温室之所以能够获得速生高产、优质高效的农产品，就在于其能够在很大程度上摆脱地域、季节或恶劣气候等自然条件的制约，构造出一个相对独立且近乎理想的人工气候小环境，从而实现周期性、全天候、反季节的工厂化规模生产。

一、温室环境与作物信息采集

1994 年，S.Blackmore 首次阐述了利用信息采集技术辅助农业生产的方法。文中提到了应用无线传感器网络进行环境信息采集的思路，认为昂贵的价格阻碍了其在农业领域的大范围应用。

21 世纪以来，各种新技术的快速发展，降低了无线传感器网络的成本，推动了其在路由、能源优化、数据融合等基础领域的研究，促进了其在农业生产中的应用。基于无线传感器网络的研究成果，国内外学者对农业场景下的无线传感器网络信息采集方法、信号传输效果和系统架构等都进行了大量的研究工作。欧洲的 Lofar Agro Project 项目组利用无线传感器网络对农业环境中的杀虫剂含量与土地肥力进行实时监测。2008 年，Tate 等研究了大田中作物生长及冠层对无线传感器网络信号传输的影响。2007 年，Konstantinos 等研究了无线传感器网络在精准农业应用中的拓扑优化方法。无线传感器网络以其节点设置灵活、数据采集兼容性强、布线和维护成本低等优势，在温室信息采集和环境控制领域也获得了广泛应用。2009 年，Pawlowski 等提出了一种基于无线传感器网络事件驱动控制的温室气候监控模拟方法。韩国学者研究了基于无线传感器网络的温室露点凝结预防监测与自动控制系统。2010 年，Agarkar 等预测到 2020 年基于无线传感器网络的温室小气候智能控制将成为现实。

现有温室内无线传感器网络信息采集研究主要集中在路由协议、网络拓扑的实验模拟和农业监控策略的实现两方面。向温室环境调控提供有效反馈的研究较少，针对日光温室环境、信息特点的无线传感器网络相关理论研究也处于起步阶段。

根据植物的需求调控微气候环境因子和肥水供给是设施生产的最高形式，因为生理信息比环境信息更能反映作物的生理需求，与作物的生长关系更直接。SPA(Speaking Plant Approach) 概念由 Hashimoto、Tantau、Challa 等定义并提出。2009 年，Hashimoto 等通过图像处理系统用于测量作物长势，红外测温系统测量叶面温度、二氧化碳分析仪用于测量叶片光合作用、叶片水势、茎秆含水量等获取西红柿生理信息，通过遗传算法获得最优调控参数并控制灌溉使作物的光合速率处于较高的水平。2010 年，日本爱媛大学仁科弘重研发出温室移动植物诊断设备，可以监测植物热成像、茎秆长度、荧光成像、光合成速度、蒸散速度，以实现生长状态、光合机能、叶温蒸散机能、生长收获诊断并提供对应栽培管理建议。近年来国外用红外技术测量植物冠层温度，以图像方式记录作物生长信息，通过计算机图像处理的途径实现实时或定时自动监测。荷兰 Wageningen 于 1980 年前就开始研究温室中植物环境生理反馈，很少直接用于环境调控指导，近年来，Silke Hemming 经过多年研究将“植物胁迫多重成像系统”（Multiple Imaging Plant Stress，MIPS) 应用于温室植物监测，通过图像对植物早期病虫害、环境因子胁迫进行分析并指导生产；德国汉诺威大学 Hans-Jiirgen Tantau 领导的“ZINEG”项目 (2009 ~ 2014 年）包括节能方法对产品的品质与产量的影响、光合监测反馈等技术研究，具体采用荷兰 PHENOSPEX 公司研发的 Plant Eye 开展相关研究实现栽培管理；Arizona 大学生物系统工程系 Murat Kacira 教授也正在开展类似的研究工作。2011 年，日本千叶大学的 Li Ming 等在密闭植物工厂中开展将操作人员呼吸考虑进去的二氧化碳施肥利用效率、二氧化碳交换速率、以水汽跟踪计算换气速率等实验，实验结果表明在密闭式人工光植物工厂中利用气体平衡、能量平衡等原理监测群体生理可行。

监测设备方面，以色列 Phytalk 公司开发了一种植物生理监测仪，可监测株高、果实膨大、茎粗变化、茎流量、叶片大小厚薄、叶面温度和湿度、二氧化碳浓度等。综合利用这些信息，可以分析植物生长状况，进而可以利用其来进行温室内温度、湿度、光照度、二氧化碳浓度、水肥营养的调控。但目前这些研究结果仅限于研究和辅助决策，还未真正应用至温室控制系统中；荷兰 Gro w- inIT 公司开发的 Grow watch 系统通过测量相对湿度、二氧化碳浓度、作物体温、光合速率、光量子等参数，观测作物生长，优化气候设置，以达到高产、提升生产潜力作用；2013 年，荷兰 Priva 公司提出“Crop Top”系统，采用对栽培植物上中下三层环境和植物表体温度测量分析比较作物生长状态，判定具体胁迫类型并实施环境调控，以获得较高产量和品质。以上设备都处于商业试水阶段，还没有被广大用户接受，很多仍停留在科研阶段上。

国内关于生理信息的采集和利用研究相对滞后。2007 年，谢强等用照相的方式对葡萄果粒和新梢径的日变化进行了详细测定，利用时间顺序理论，与根域土壤水势的变化进行了耦合分析，提出了不同发育时期，葡萄根域土壤灌水的临界土壤水势值，为利用生物信息进行土壤灌溉的智能调控奠定了基础。2000 年，王忠义选择植物电信号为主要生理指标，并探索在设施环境调控的应用；2009 年，王成等开发植物生理生态监测系统，主要测量叶温、茎流量、果实膨大等参数。国内很多是孤立研究植物生理特性或直接开发相关传感器，未能将生理反馈应用到设施环境调控中。

二、温室作物生长发育模型和小气候预测模型

温室设计是一个多因素优化问题，它依赖于温室作物的经济效益和温室建设、实施、维护的成本之间的定量权衡。1999 年，根据 Bailie 的建议，在适于世界气候条件的温室设计方法中，结合物理、生物和经济模式的系统化方法成为当前最有前途的战略决策。

温室小气候数值模拟研究始于 20 世纪 60 年代初期。Takakura 首次用非稳态热平衡模型建立了玻璃温室的热环境模型，为后来温室气候模型的研究奠定了基础。随后，国外学者开始采用计算流体力学（Computational Fluid Dynamics，CFD) 技术模拟温室微气候环境，包括具有不同通风口形状及位置的温室室内气流及温度状况，通风情况下温室内温度、湿度

的分布特点等。目前国外温室园艺作物模型的典型代表有 TOMGRO、TOMSIM 和 HORTISIM。采用 CFD 技术模拟温室小气候的边界条件处理、模拟求解方法的选择等对我国日光温室的相关研究具有很好的借鉴作用。

我国温室作物生长发育模型与小气候预测模型的研究开展较晚。罗新兰等和李天来等对番茄、黄瓜和甜瓜的发育期及干物质生产与分配进行了初步研究。孟力力等基于室外气候条件，将温室空气、覆盖物、墙体、后坡、土壤各层视为均匀厚度，预测各部分的温度。以上温室环境模型都基于集总参数法，即认为所选择的各部分温度均匀，实际日光温室空间、土壤内部及温室围护结构内部各点温度存在梯度。而佟国红等模拟了晴天、阴天日光温室温度随时间及空间变化，但没考虑调控措施的影响。已有的温室环境模型研究主要基于大型现代连栋温室，温室作物生长发育模型研究多集中于单一环境因子，针对人为调控措施下的日光温室小气候预测模型研究较少。

三、温室智能环境控制理论

温室环境控制理论研究始于 20 世纪 90 年代。国外温室大部分采用 PID 控制。在通风系统中，由角度反馈机构实现通风窗开启角度的伺服控制，控制温室通风量；在温室加温系统中，由阀位反馈机构实现阀门位置的伺服控制，控制暖水管的出水温度。针对温室小气候大时滞、强耦合、非线性等特点，杜尚丰等采用模糊控制、人工神经网络、智能控制等算法对环境因子进行控制。朱丙坤等采用相容控制设计了温室温度控制的优化控制算法。

我国温室小气候系统的被控输出（如室内温湿度）、扰动输入（如室外温湿度）为连续值，控制量为逻辑变量（调控设备开 / 关），古典控制理论和现代控制理论不适于描述这一类系统。Witsenhansen 于 1966 年提出了混杂系统的概念。目前，混杂系统的研究主要包括混杂系统模型、混杂系统的切换、混杂系统的分析综合及优化控制。混杂系统已在工业系统有成功应用，但在国内外农业应用中鲜有研究。秦琳琳等采用混合逻辑动态模型描述现代温室，实验证明该模型能够较好地模拟和预测系统行为。但该算法求解耗时长，无法满足温室实时控制的需求。

现有的温室环境控制理论弱化了作物环境模型在控制系统中的地位，

未基于温室小气候环境模型展开控制理论研究，对温室环境控制系统同时具有连续变量和逻辑变量的特性考虑不充分。

四、测控装备及平台构建方面

随着传感技术、微型计算机技术的迅速发展，设施农业自动监测控制技术研究取得了重大进展，先是采用模拟式组合仪表采集现场信息并进行指示、记录和控制。20 世纪 80 年代末研发出基于工控机、PLC 的集散式控制系统，实现了分散控制、集中管理、集中监视的目标。随后现场总线控制技术也被应用于植物工厂测控系统中，实现了在各种测控设备之间双向、数字化、多节点的串行通信，简化了集散式体系结构，构成了分布式控制系统，具有可靠性高、操作性强等特点，目前已被广泛应用，此时单因子调控。20 世纪 90 年代初开始，基于以太网技术或工业以太网的温室控制系统得到了迅速发展，并逐步与温室模型或作物模型结合起来，并在以上控制算法研究基础上，开发多因子综合控制系统，可以根据温室作物的生长发育规律，对温室内光照、温度、水、气、肥等因子进行自动控制。当前移动互联网络技术、物联网技术蓬勃发展，日本东海大学星岳岩提出了普适控制系统 (Ubiquitous Environment Control System，UECS)，每个控制设备都能够以一定的标准连接到网络上，改变了植物工厂传统通信供电及控制方式。国内亦大力推广物联网技术在设施农业的应用，已经具备了一定市场规模。而相关控制系统和应用软件很多是直接从工业领域引用，体积庞大、价格昂贵，系统拼凑痕迹重，先进控制算法难以集成其中，缺少专用控制设备与系统。

第六节　农用无人机自主作业

一、农用无人机自主作业需求背景

近年来无人机技术飞速发展，其在农业航空应用领域表现出了巨大的潜力，搭载先进传感器又相对廉价的农业无人机位列美国 MIT Technology Review 杂志评选出的 2014 年十大突破科学技术之首。具有自主作业能力的植保无人机，作为空中施药平台，搭载专用药剂对作物进行精准高效的喷施作业。与传统的人工、半机械化植保作业相比，植保无人机喷洒效率可提升近 30 倍，可节省 20% ~ 40% 农药使用量，节约 90% 的用水量，其综合收益约为人工手动喷施作业 20 倍，为半机械化作业的 3 ~ 5 倍，作业经济效益非常显著，美、日等发达国家超过 50% 的农业植保作业由飞机或无人机完成。我国有 18 亿亩农田需要进行农业植保作业，且随着土地流转政策的推进和农村劳动人口日趋减少，农业无人机自主作业需求巨大。同时我国丘陵山区占土地总面积的 61%，丘陵山区是我国水稻、油菜等主要农作物的主产区，而在丘陵山区采用普通的地面装备进行农业病虫害防治难度较大，劳动力成本巨大，需要具有自主作业能力的农业无人机替代人工和地面机械进行作业。2014 年中央一号文件首次提出要“加强农用航空建设”以来，2015 年中央一号文件也强调：要强化农业科技创新驱动作用，在智能农业等领域取得突破，同时“十三五”规划中，十大产业被重点提及，其中就包括智能农机装备。各级政府也均积极响应中央的号召：生产端出台相关技术标准、销售端提供补贴、使用端建立规范。《全国农业可持续发展规划》中明确的“一控二减三基本”方针，即严格控制农业用水总量，减少化肥、药施用量，地膜、秸秆、畜禽粪便基本资源化利用。力争到 2020 年，实现农作物化肥、农药使用量零增长。在这些政策牵引下，农业无人机将发挥巨大作用。

二、农业无人机自主作业技术特点

（一）作业过程自主飞行控制

无人机不需要专业飞行员操作，通过软件设置飞行轨迹，无人机可自动沿设定轨迹飞行，正常情况下无须人工干预飞行过程。

（二）自主智能执行作业任务

农业无人机作业为低空、超低空飞行，必须自动与作物保持设定的相对高度，依据 GIS 信息和导航信息，自动实现对靶精准作业，避免人工操作带来的误差。

（三）自主识别各种安全风险

农业无人机飞行高度低，使用环境复杂，需要对周围的人员、障碍物、地形地物等影响飞行安全的物体和突发事件进行识别和规避。

（四）自主作业规划

在作业之前系统自主规划任务流程，统筹作业计划，实现最优的作业任务安排，减小能源消耗和作业时间。

（五）自主作业信息统计

自动收集无人机作业信息，并统计作业量，运用大数据技术，实现对农情和农务信息进行宏观的把握。

综上所述，农业无人机自主作业过程必将向着智能化方向发展，将人工智能技术引入到农业无人机系统中已成为必然的发展趋势，推广应用具有自主飞行、自动规划作业路径、自动施药控制、智能作业监控的自主作业植保无人机，将极大地提高农业作业效率，减轻人员作业负担，避免频繁发生的作业人员中毒现象，保证作业质量和作用效果的一致性。

三、农业无人机自主作业发展现状

（一）智能飞行控制技术

受限于成本控制因素，目前国内市场上植保无人机飞行控制系统主要采用半自主控制技术，此类飞行控制系统集成多种传感器，实现自动增稳、航线飞行、自动起降功能，其控制律通常采用经典增益调节控制方法。典型代表为汉和航空开发的直升机自动飞行控制系统，该系统能实现全自动、半自动飞行状态自动切换；具有气压传感、GPS 传感、加速传感融合能力；可规划航路，定高飞行（精度达到 0.5m)。此类控制系统具备了自动飞行控制功能，但是缺乏对外部作业环境突发事件的自主应对能力和对不同机型和作业过程中遇到的控制系统扰动缺乏适应性。由于农业无人机作业过程的复杂性，国内一些相关的科研机构开展了基于人工智能技术的飞行控制方法研究。南京航空航天大学张立珍运用计算智能方法，提出了改进型动态逆算法和基于函数连接神经网络的轨迹线性化控制算法，最大限度上实现无人机的自主控制，在此基础上设计基于多智能体的无人机自主飞行控制系统的分层递阶结构，并对结构中的任务管理部分、决策协调部分和控制执行部分智能体的结构和功能进行了详细的研究针对农业植保无人机作业过程药液带来的控制系统扰动问题，王大伟等设计了自适应反步终端滑模姿态控制器，依据 Lyapimov 稳定性理论，证明了控制系统稳定性，经过仿真和试验验证，该方法能抑制药液晃动干扰的影响，有效减小系统姿态控制误差。

（二）智能植保无人机喷洒控制技术

农业无人机变量喷雾是实现精准植保施药的一种重要技术方式。它通过获取作物的病虫草害、形貌和密度等喷雾对象信息，以及喷雾机位置、速度和喷雾压力等机器状态信息，并依据这些信息，实现智能喷洒系统压力、流量、喷洒时机的控制。美国、西欧等发达国家已经在变量喷雾技术及其无人机系统集成上取得了重要进展，我国也开展了相应的探索性研究。大疆 MG-1 采用压力式喷洒系统，可根据不同的药剂，更换喷嘴，灵活调整流量和雾化效果。标配的扇形喷嘴　精密耐磨损，能长时间保持高效喷洒效果。全机搭载 4 个喷头，位于电动机下方。旋翼产生的下行气流，作用于雾化药剂，让药剂到达植物根部和茎叶的背面，喷洒穿透力强。药剂喷洒泵采用精准控制的无刷电动机，针对不同的农作物和药剂能实施合适的喷洒方案。中国农业大学王玲设计了微型无人机脉宽调制型变量喷药系统，并利用风洞的可控多风速环境，通过荧光粉测试方法对悬停无人机变量喷药的雾滴沉积规律进行了试验研究。变量喷药系统由地面测控单元和机载喷施系统两部分组成，基于 Lab Windows/CVI 的地面测控软件，采用频率为 10Hz、占空比可调的脉冲信号经无线数传模块远程控制机载喷施系统；机载喷施系统接收地面控制信号实时调节电动隔膜泵电动机转速，以改变系统喷雾压力和喷药量，实现变量喷雾调节。华南农业大学工程学院徐兴等设计的小型无人机机载农药变量喷洒系统，主要由药箱、喷头、液泵及喷洒控制器组成，通过调整 PWM 喷洒控制信号的占空比，改变液泵的工作时长，从而实现变量喷洒。喷洒控制系统的出现，使无人机在任务处理过程不再依赖操作人员，为进一步实现远程超视距的智能作业控制提供了技术支撑。

（三）智能作业路径规划技术

在作业航线规划方面，徐博等在多目标约束条件下，研究基于作业方向和多架次作业能耗最小的不规则区域智能作业航线规划算法，在不规则作业区域已知的情况下，根据指定的作业方向和作用往返总能耗，可快速规划出较优的作业航线，使整个作业过程能耗和药耗最优，减少飞行总距离和多余覆盖面积，节省无人机的能耗和药液消耗。

（四）智能避障与地形跟踪技术

由于农田中存在电线杆、树木、人员混杂的情况，其作业环境复杂，必须考虑障碍物规避的问题。张逊逊等提出了一种基于改进人工势场的避障控制方法，将地表障碍物划分为低矮型和高杆型，并制定不同的避障策略，将无人机与障碍物的相对运动速度引入到人工势场中，给出基于改进人工势场的智能避障控制算法。

（五）智能作业管理统计

北京农业智能装备技术研究中心根据植保作业需要，开展了航空植保作业信息统计研究工作。运用大数据技术和网络通信技术，对有人机和无人机实时作业过程进行远程监控，智能统计作业量和作业参数。通过该系统，可以从宏观上把握一个区域的作业规模、药剂使用，以及作物病害发生情况，为相关管理部门的农情决策提供可靠的数字依据。

综上所述，智能技术已经被逐步引入我国农业无人机自主作业领域，但由于技术起点低和成本控制苛刻的原因，其装备智能化水平低，尚不能满足自主作业需求。

四、抓住机遇迎接挑战人工智能技术的挑战

随着人工智能在复杂系统应用领域的推广，其展现出巨大的技术优势和革命性的科技推动力，在植保无人机自主作业领域也已经表现出巨大的潜力，在今后的几年里随着无人机植保作业的普及，人工智能技术将对飞行控制、作业导航、对靶施药、作业规划等自主作业技术领域产生深远的影响。

第六章　智能农业种植

种植业是指栽培各种农作物并且取得植物性产品的农业生产部门，它利用植物的生活习性，通过人工培育取得粮食、副食产品、饲料和工业原料，是农业的主要组成部分之一。在中国，种植业同林业、畜牧业、副业和渔业合在一起组成广义的农业。农业作为工业生产原材料的提供行业和工业制成品的使用行业，在工业化、信息化、城镇化和农业现代化同步推进的过程中，尤其是在“工业4.0”的推动下，“农业4.0”概念也逐渐兴起。预计到21世纪下半叶，农业将进入4.0时代。作为“农业4.0”的重要组成部分，种植业也将进入4.0时代。

第一节　种植业发展变迁

一、种植业 1.0

种植业大体上产生于距今 1 万年至 4 000 年以前的新石器时代，即原始社会的后期。在此前长达约 200 万年的旧石器时代和中石器时代，由于生产力极其低下，人们只能采用简陋的石器、棍棒等生产工具，以采集和狩猎等简单农事活动为生。但在长期的采集过程中，人们逐渐地了解了一些植物的生活习性，学会了栽培技术，于是形成了原始的农业，这是由采集、狩猎逐步过渡而来的一种近似自然状态的农业，属世界农业发展的最初阶段。其基本特征是使用以石刀、石铲、石锄和棍棒等简单的生产工具，采用刀耕火种，原始粗放的耕作方法，从事简单协作的集体劳动，获取有限的生活资料，维持低水平的共同生活需要。

奴隶社会阶段以后，随着农业工具的不断创新与应用，尤其是青铜冶炼技术和炼铁技术的发现，使种植业得到长足发展，进入了传统农业阶段。传统农业是在自然经济条件下，靠世代积累下来的传统经验，采用人力、畜力为主的手工劳动方式，发展以自给自足的自然经济居主导地位的农业，其基本特征是：金属农具和木制农具代替了原始的石器农具，铁犁、铁锄、铁耙、耧车、风车、水车、石磨等得到广泛使用；畜力成为生产的主要动力；一整套农业技术措施逐步形成，如选育良种、积肥施肥、兴修水利、防治病虫害、改良土壤、改革农具、利用能源、实行轮作制等。

原始农业和传统农业阶段的种植业，所使用的农具都是以人力、畜力或水力为动力的，这些动力源不是使用不便就是所能提供的功率有限，这逐渐成为制约种植业发展的主要因素，该情况直到蒸汽机的出现才得到改观。我们将原始农业和传统农业阶段的种植业称为种植业 1.0 时代。

二、种植业 2.0

1776 年英国发明家詹姆斯·瓦特（James Watt）制造出第一台有实用价值的蒸汽机，经过一系列重大改进以后，在工业上得到广泛应用。瓦特蒸汽机发明的重要性是难以估量的，它被广泛地应用在工业生产的各个方面，几乎成为所有机器的动力，它开辟了人类能源利用新时代，使人类进入“蒸汽时代”。蒸汽机改变了人们的工作生产方式，极大地推动了技术进步，并就此拉开了世界第一次工业革命的序幕。

第一次工业革命是世界技术发展史上的一次巨大革命，它以作为动力机的蒸汽机的广泛使用为标志，开创了以机器代替手工劳动的时代。随着蒸汽机在工业领域应用的不断深化，在农业耕作上用蒸汽机替代人力和畜力就自然而然地提上了日程。从蒸汽机为动力源驱动农业机械进行农业耕作开始，种植业正式迈入 2.0 时代。在种植业 2.0 时代，由于超越了动力源的羁绊，大量各式各样的农业机械被逐渐发明出来并广泛应用于农业种植的各项作业，最终实现了农业作业的机械化。可以认为，种植业 2.0 的主要特征就是农业机械化。

（一）蒸汽拖拉机的发明与应用

19 世纪 30 年代，人们开始研究用蒸汽车辆牵引农机具进行田间作业。但当时所能造出的蒸汽机牵引车辆庞大笨重，用这样的车辆进行田间作业即使不陷在田里，也会把土壤压得很实，根本无法再进行耕种。限于当时的技术水平，人们只能另辟蹊径。1851 年，英国的法拉斯和史密斯首次用蒸汽机实现了农田机械耕作，他们的办法是把蒸汽机安放在田头，用钢丝绳远远地牵引在田里翻耕的犁铧。这样一来，对土地压实的问题就迎刃而解了。人们把这次作业看作是农业机械化的开端。后来，随着蒸汽机制造技术的进步，出现了小型化的蒸汽发动机，自重大大降低，把它安装在车辆底盘上驱动车轮行驶，使它能够从地头开进田地里直接牵引农机具作业，这才诞生了真正意义上的蒸汽拖拉机。资料记载，这种装载小型化蒸汽发动机的拖拉机，最早是由法国的阿拉巴尔特和美国伊利诺伊州的 R. C. 帕尔文分别在 1856 年和 1873 年发明的。他们发明的这种蒸汽拖拉机与早期的蒸汽机汽车很像，但马力更大，行驶速度更慢。虽然照比以前的“地头拉绳”式蒸汽拖拉机有了改进，但是这时期的蒸汽拖拉机仍旧笨重而昂贵，使用不便，并且往往需数人操作，只适用于在广阔原野上耕作，一般个体农民难以负担，所以没有很快推广开。19 世纪中叶，英国的蒸汽拖拉机开始朝着更加小型化的路线发展，用来在公路上进行负重牵引和田间犁地作业。在拖拉机发展史上，蒸汽拖拉机时代大约历经了半个世纪的时间跨度。不同蒸汽拖拉机的结构具有某些共同的特征。100 多年来，尽管拖拉机技术发生了翻天覆地的变化，但是第一代拖拉机结构的某些基本特征，至今仍没有根本的变化。

（二）内燃机拖拉机的发明与应用

蒸汽拖拉机的发明促进了农业机械化的发展，但是这种机器也存在严重缺陷，制约了它的推广应用。首先，它的自重太大，甚至一些道路和桥梁都难以支撑，不适合田间作业使用；其次，蒸汽机运行中操作不当易发生危险，稍不注意锅炉会起泡沫并有可能爆炸；再次，每天首次启动需 30 ～ 60 分钟预热，以有足够的蒸汽压力来转动曲轴；最后，蒸汽机锅炉的燃烧，在收获脱粒季节容易引起农田的火灾。

针对蒸汽拖拉机的问题，人们开始研究以内燃机为动力源的拖拉机。1889 年美国伊利诺伊州的查特尔汽油机公司把汽油机装在轮子上尝试代替蒸汽机；1892 年德裔美国人约翰·弗洛里奇自制的汽油拖拉机在美国南达科他州田野上连续工作了 52 天；同年生产轻便蒸汽机和脱粒机的凯斯公司研制了使用汽油机的试验拖拉机；此后，德、美、英等国的许多公司都投入了研发汽（煤）油拖拉机的试验中。值得一提的是查尔斯·哈特和查尔斯·帕尔，1901 年在美国建立了第一个以制造拖拉机为目的的哈特帕尔公司，该公司被美英百科全书认为奠定了汽油拖拉机产业的开始。它首批生产的 15 辆拖拉机中的 3 号车作为存活至今最古老的汽油拖拉机，目前在华盛顿的美国历史博物馆中展出。1906 年，该公司的销售经理威廉斯在书写和做广告时，感到汽油牵引机动车（gascline traction engine）这个词太麻烦，于是他创意了“tractor”一词，用在公司 1907 年的广告中，并制作在拖拉机机体上。1912 年哈特帕尔公司开始使用术语“farm tractor”。由于哈特帕尔公司的影响，加上这个词的简练准确，“tractor”这一称谓在经过一段时间后，渐渐被行业广泛接受。

与蒸汽拖拉机相比汽（煤）油拖拉机的优点是显著的，蒸汽拖拉机质量从几吨到几十吨，而汽（煤）油拖拉机的质量只有1吨多，甚至只有几百千克；蒸汽拖拉机需要随行供应燃料和水，并且要一批人伺候，而汽（煤）油拖拉机一个人即可操作；蒸汽拖拉机的单台售价在数千美元，而汽（煤）油拖拉机可以把单台成本控制在1 000美元以下。汽（煤）油拖拉机打开了农业拖拉机进入普通农户的坦途。从汽油拖拉机开始，农业拖拉机才作为一种相对独立的机械类型存在。所以拖拉机史学界中，许多学者认为汽油拖拉机的出现才是拖拉机产业百年征程的正式起始点。

（三）各种农具的发展与应用

拖拉机的出现解决了农具对动力要求的瓶颈，带来农具的蓬勃发展。实际上，人类从茹毛饮血到规模化耕种，种植业的发展始终伴随着农具的发明与革新。19世纪至20世纪初，新式畜力农业机械快速发展并大量投入使用，1831年美国的C.H.麦考密克创制成功马拉收割机，1936年出现了第一台马拉的谷物联合收获机，1850—1855年先后制造并推广使用了谷物播种机、割草机和玉米播种机等。20世纪初，以内燃机为动力的拖拉机开始逐步代替牲畜，作为牵引动力广泛应用于各项田间作业，并用以驱动各种固定作业农业机械。20世纪30年代后期，英国的H. G. 弗格森创制成功拖拉机的农具悬挂系统，使拖拉机和农具二者形成一个整体，大大提高了拖拉机的使用和操作性能。由液压系统操纵的农具悬挂系统也使农具的操纵和控制更为轻便、灵活。与拖拉机配套的农机具由牵引式逐步转向悬挂式和半悬挂式，使农机具的重量减轻、结构简化。20世纪40年代起，欧美各国的谷物联合收获机逐步由牵引式转向自走式。20世纪60年代，水果、蔬菜等收获机械得到发展。自20世纪70年代开始，电子技术逐步应用于农业机械作业过程的监测和控制，农业逐步向作业过程的自动化方向发展。

种植业2.0阶段就是农业逐步走向全面机械化的阶段，其主要标志是：各种农机动力不断增长；畜力农具不断发展；配套农机具品种繁多，机械作业项目迅速增加，除难度较大的作业项目外，都实现了机械化作业；农机与农艺结合更加紧密和广泛，相互适应协调发展。

三、种植业 3.0

随着计算机的出现以及大规模、超大规模集成电路的发展，以计算机技术、通信技术为基础的信息化技术首先在工业领域开展应用，并极大地促进了工业领域的技术进步。随着信息化技术向农业领域的扩散，产生了农业信息化。农业信息化是指信息化在农业领域的全面发展和应用，使之渗透到农业生产、市场、消费以及农村社会、经济、技术等各个具体环节的全过程。信息化进入种植业就产生了种植业 3.0 时代，其代表形式主要有：高度发展的农业机械化、精准农业和工厂化农业。

（一）高度发展的农业机械化

高度发展农业机械化的主要标志如下。

（1）传统作业全面改革，农机农艺进一步结合，新的作业项目不断出现，如棉花、蔬菜和水果等较难作业项目也实现了机械化作业。

（2）机器功率不断增大，作业机具幅宽也增加，工作速度快，作业效率高。

（3）农业机械趋于自动化，液压技术、电子技术已广泛应用于各种农业机械，许多机械如播种机、植保喷雾机、施肥机等与微电脑相结合。自动控制、无人操纵的农业机械也已出现，改善了操作条件和生产环境，减轻劳动强度，提高了作业质量。

（4）设施农业不断发展，农业生产工厂化已逐步成为现实。

（5）系统工程在农业和农机中得到广泛应用，农业资源配置更加合理。

（6）新能源的开发和利用受到重视，提倡无机农业，如节约油耗，少耕免耕，太阳能、风能、地热的利用，用农业废弃物开发沼气等。

（7）农业企业化、工厂化，规模较大，耕地比较集中。

部分国家和地区农业机械化之所以发展得比较快，第一是地多人少，农业劳动力负担耕地面积大，客观上要求实现农业机械化。第二是工商运输、科技文教、社会服务等吸收大量的农村劳动力，劳动力的不足使农民迫切要求实现农业机械化。第三是这些国家都是工业科技教育发达的国家，有迅速建立农机制造工业的基础，能生产较高质量的农机产品和提供优良的社会服务。第四是政府在经济政策上给予扶持，利用贷款、免税、分期付款甚至补贴等办法支持农民购买农业机器。第五是在发达的市场经济下竞争的结果，农民经营规模大时利润高。美国、英国、法国、德国政府在经济上鼓励和支持农场的发展，促使农民使用农机。第六是科学技术的发展和应用，在早期，拖拉机通用化和液压悬挂机械的设计成功推动了农业机械化发展；中期，农机与农艺密切结合，建立了机械化的耕作栽培制度，扩大了农业机械的应用范围；近期的液压和自动化技术的引入提高了农业机械的先进性。第七是社会化的服务体系和推广指导工作。倡导用户至上，推广高质量产品，重视销售服务，技术部门提供业务咨询，大办农机展览和传播、交流先进技术，迅速提高农业机械化的发展速度。

（二）精准农业

精准农业是当今世界农业发展的新潮流，是由信息技术支持的根据空间变异，定时、定量、定位地实施一整套现代化农事操作技术与管理的系统。其基本含义是根据作物生长的土壤性状，调节对作物的投入，即一方面查清土壤性状与生产力空间变异，另一方面确定农作物的生产目标，进行定位的“系统诊断、优化配方、技术组装、科学管理”，调动土壤生产力，以最少的或最节省的投入达到同等收入或更高的收入，并改善环境，高效地利用各类农业资源，取得经济效益和环境效益。

精准农业由全球卫星导航系统（GNSS）、农田地理信息系统、农田遥感监测系统、农田信息监测系统、农业专家系统、智能化农机具系统等组成。

1. 全球卫星导航系统

精准农业广泛采用了 GNSS 系统用于信息获取和实时的准确定位。在卫星定位系统领域，美国主导的 GPS 全球定位系统早已应用于全球精准农业，装备了 GNSS 系统具有自动驾驶功能的拖拉机。目前我国也已成功发射 50 多颗北斗导航卫星，自主建设了北斗卫星导航系统。精准农业对卫星定位精度的要求已达到厘米级或分米级的水平，而北斗卫星定位技术已可以满足农庄厘米级、全国分米级的高精度实时定位导航需求。以北斗卫星导航系统引导农机作业，在大田里可循着既定路线自助耕作，达到精准农业、精密农业需求。

2. 地理信息系统 GIS

精准农业离不开 GIS 技术的支持，它是构成农作物精准管理空间信息数据库的有力工具，田间信息通过 GIS 系统予以表达和处理，是精准农业实施的重要步骤。

3. 遥感系统（RS）

遥感技术是精准农业田间信息获取的关键技术，为精准农业提供农田小区内作物生长环境、生长状况和空间变异信息的技术要求。

4. 农情监测系统

农情监测系统是通过布设传感器及数据采集传输设备，实现大田养分、墒情、苗情以及病、虫、草害的监测及信息处理传输。

5. 作物生产管理专家决策系统

作物生产管理专家决策系统的核心内容是用于提供作物生长过程模拟、投入产出分析与模拟的模型库；支持作物生产管理的数据资源的数据库；作物生产管理知识、经验的集合知识库；基于数据、模型、知识库的推理程序；人机交互界面程序等。

6. 装备了 GNSS 系统的智能化农业机械装备技术

这类设备是精准农业的主要执行设备，能够实现土地精密平整、深耕、精密播种、变量施肥、变量洒药、收获测产等精准农业需求。

传统农业的发展在很大程度上依赖于生物遗传育种技术，以及化肥、农药、矿物能源、机械动力等投入的大量增加而实现。由于化学物质的过量投入引起生态环境和农产品质量下降，高能耗的管理方式导致农业生产效益低下，资源日显短缺，在农产品国际市场竞争日趋激烈的时代，这种管理模式显然不能适应农业持续发展的需要。精准农业并不过分强调高产，而主要强调效益，它将农业带入数字和信息时代，是 21 世纪农业的重要发展方向。

（三）工厂化农业

工厂化农业根据所强调对象和发展阶段的不同有不同的称谓，如温室农业、植物工厂、保护地栽培和保护地园艺等。工厂化农业是可控环境农业，是设施农业的高级层次，是在相对可控的环境条件下，以工厂化的生产模式进行农业生产的新型农业。其最高目标是能使农业生产和工业生产一样不受自然环境因素制约，并进行自动化的高效生产。工厂化农业是随着农业信息化的不断深入而发展起来的植物种植技术，是种植业未来发展的方向。

设施农业是指利用各种材料建成的设施，形成一定的与外界隔离的空间，在充分利用自然环境条件的基础上，改善或创造更佳的光温等环境气候，为植物和动物生长提供良好的环境条件。设施农业是随着农业环境工程技术的突破，迅速发展起来的一种集约化程度很高的农业生产技术。设施农业打破了传统农业的季节、地域等“自然限制”，创造了速生、优质、高产、均衡、高效的现代化农业，具有高投资、高产出、高效益、无污染、可持续农业等特征。

大型现代化温室是可控条件最好的人工设施，是设施农业向工厂化农业发展的产物，它采用工业化生产方式，实现了集约高效及可持续发展的现代化农业生产。它利用成套设施或综合技术使种养业生产摆脱自然环境的束缚，实现周年性、全天候、反季节的企业化规模生产。工厂化农业突破了养殖业、种植业生产中的传统观念，最大限度地摆脱了自然条件的束缚。各种环境因子与营养因子的控制和改善给农作物生长提供了最适宜的环境条件，使农作物产品实现周年生产供应，使单位土地面积的作物产量和品质大大提高。

工厂化农业的关键技术是环境控制技术，在环境控制装置中设有多种传感器（如肥料传感器、温度传感器、湿度传感器、光量传感器等）。应用农业信息化技术，根据作物各个生长发育阶段，自动化地调控肥料、温度、光照等因素。与工厂化农业相比较，传统农业生产方式简单地讲就是靠天吃饭，靠太阳、土地或水体为载体，凭经验生产农产品的过程。受到光、热、水、土等自然因素的制约，季节性强、可控性差、劳动强度高、生产效率低、产量低而且不稳定，因此，种植业将必然走向工厂化农业。

在一些发达国家工厂化农业已开始向实用化、产业化迈进并创造出了不少的成功案例。1957 年世界第一家植物工厂诞生于丹麦首都哥本哈根市郊区的斯滕森农场，并最先实际投产运行。该工厂生产的是一种生吃叶菜，从播种到收获平均只需 6 天时间，产品的年上市量为 500 万包，可满足哥本哈根市需求的 8 成，年销售额约为 400 万美元，同时该工厂只有 20 名工作人员；日本是世界上工厂化农业生产技术最先进的国家，在部分领域的研究和应用已超过了温室业较发达的荷兰、以色列等国。据统计，2013 年，日本国内人工光源植物工厂的市场规模为 34 亿日元，太阳光型植物工厂的市场规模为 199 亿日元。随着技术的发展和普及，预计到 2025 年，日本植物工厂的规模将突破 1 500 亿日元。目前，昭和电工等大型电子企业已经把植物工厂的设备配套和技术开发列为研发重点。据报道，日本某占地 $800m^2$ 的小蔬菜工厂，栽培速生菌苗和小白菜，每天可收蔬菜 130kg，折合每亩生产 10 万 kg，而这个植物工厂只需 2 个工人管理，效率很高。据农业部农业机械化管理司的统计数据，2016 年全国设施农业总面积为 2 082.88 千公顷，其中连栋温室面积为 51.77 千公顷，日光温室面积为 661.45 千公顷，塑料大棚面积为 1 369.67 千公顷，已发展成世界设施园艺生产第一大国。

第二节　智能种植

2013 年，德国政府提出“工业 4.0”概念，在国际社会引起很大反响。在德国人看来，工业技术和生产模式的演进可划分为机械化生产到电气化大生产再到自动化和信息化生产最后到网络化和智能化生产的四级演变。种植业作为农业中最重要的组成部分，其演进过程也可以划分为四个阶段，从 1.0 的体力和畜力劳动农业到 2.0 的机械化农业，再到 3.0 的信息化（自动化）农业，最后达到现代农业的最高阶段——“农业 4.0”。“农业 4.0”是 2015 年开始出现的概念，它是以物联网、大数据、移动互联网、云计算技术为支撑和手段的一种现代农业形态，是智能农业，是继传统农业、机械化农业、信息化（自动化）农业之后进步到更高阶段的产物。

一、种植业农情自动获取及智能处理

种植业农情主要是指墒情、苗情、病虫情、灾情等“四情”以及农作物的经济和市场供应量数据。随着种植业的不断发展进步，农情数据的重要性也越来越凸显出来，试想，如果农场管理人员和农技专家足不出户就可观测到农场内的实景和相关数据，能随时掌握天气变化数据、市场供需数据、农作物生长数据等农情数据，准确判断农作物是否该施肥、浇水、打药或收获，这样不仅能避免因自然因素造成的产量下降，而且可以避免因市场供需失衡给农场带来经济损失。

当前农情获取手段还不完善，许多土壤和植物的重要参数还不能做到原位、实时、精准、快速、智能的获取。可以说，农情信息获取及智能处理技术的不足是农业信息化的一块最大的短板。随着种植业 4.0 的到来，智能化自动化的农情监测技术将会出现并得到广泛应用。农业“四情”监测预警系统，以先进的无线传感器、物联网、云平台、大数据以及互联网等信息技术为基础，由墒情传感器、苗情摄像机、虫情测报灯、网络数字摄像机、作物生理生态监测仪，以及预警预报系统、专家系统、信息管理平台组成。各级用户通过互联网在PC（个人计算机）和移动客户端访问数据和进行系统管理，对每个监测点的病虫状况、作物生长情况、灾害情况、空气温度、空气湿度、露点、土壤温度、光照强度等各种作物生长过程中重要的参数进行实时监测和管理。系统联合作物管理知识、作物图库、灾害指标等模块，对作物实时远程监测与诊断，提供智能化、自动化管理决策，成为农业技术人员管理农业生产的必备手段。

二、农机自动作业及调度

在种植业3.0发展阶段，通过土地整治、机耕路建设、合理划分和适度归并田块、平整地块等措施，优化农田结构布局，为现代农业机械作业提供便利。但是，随着现代高标准农田建设的不断开展，对农业机械作业也提出了更高要求，农机田间作业速度、作业幅宽、作业质量的标准越来越高，传统的人工驾驶农业机械作业已经不能满足要求。并且，农机驾驶人员工作负荷加大，人力成本增加。采用农业机械自动作业及调度技术可以有效地提高作业效率、降低成本，是种植业4.0的主要发展方向之一。

农机自动作业技术采用无人驾驶农机，能够实现在现场没有人员干预的情况下自主完成作业任务。无人驾驶农机也称为智能农机，是室外机器人在农业领域的重要应用。无人驾驶农机是一个集环境感知、规划决策和智能控制于一体的复杂综合系统，它利用传感器、信号处理、通信以及计算机等技术方法，通过集成视觉、激光雷达、超声传感器、微波雷达、全球卫星导航系统和农机具作业状况监测设备来辨识自身所处的环境状态，通过智能分析判断控制拖拉机的转向和速度，调整农具的作业状态，从而实现无人驾驶农机依据自身意图和环境的自动作业。发展无人驾驶农机需要在以下几个关键技术上有所突破。

（一）环境感知技术

无人驾驶农机通过环境感知模块来辨别自身周围的环境信息，为其行为决策提供信息支持。环境感知模块利用无人驾驶农机配置的视觉传感器、激光传感器、微波传感器等多种传感器采集环境参数，采用数据融合技术从多传感器数据中提取其自身姿态和周围环境状况。

（二）远程运维技术

无人驾驶农机具有自动化、信息化、智能化的特征，复杂程度明显提高，由于其处于无人操作监视的自主工作状态，需要具有远程运维能力。采用机联网、大数据、云计算、人工智能技术，通过采集拖拉机发动机运行参数、农机具作业参数，实时监测无人驾驶农机田间作业工况，进行远程故障诊断和故障预警。

（三）路径规划技术

路径规划是无人驾驶农机信息感知和智能控制的桥梁，是实现自主驾驶的基础。路径规划的任务就是在具有障碍物的环境内按照一定的评价标准，寻找一条从起始状态包括位置和姿态到达目标状态的无碰撞路径。路径规划技术可分为全局路径规划和局部路径规划两种。全局路径规划是在已知地图的情况下，利用已知局部信息确定可行和最优的路径。局部路径规划是在全局路径规划生成的可行驶区域指导下，依据传感器感知到的局部环境信息来决策无人驾驶农机当前所要行驶的轨迹。全局路径规划针对周围环境已知的情况，局部路径规划适用于环境未知的情况。路径规划算法包括可视图法、栅格法、人工势场法、概率路标法、随机搜索树算法和粒子群算法等。

（四）决策控制技术

决策控制模块相当于无人驾驶农机的大脑，其主要功能是依据感知系统获取的信息来进行决策判断，进而对下一步的行为进行决策。决策技术主要包括模糊推理、强化学习、神经网络和贝叶斯网络等技术。决策控制系统的行为分为反应式、反射式和综合式三种方案。其中反应式控制是一个反馈控制的过程，根据农机当前位姿与期望路径的偏差，不断地调节方向转角和车速，直到到达目的地；反射式控制是一种低级行为，用于对行进过程中的突发事件做出判断，并迅速做出反应；综合式控制则是结合以上两种控制方式。

目前，国际上知名的农机厂商已经开始了无人驾驶农机的研究，也取得了良好的开端。2016 年 8 月在美国艾奥瓦州布恩市举办的 2016 农机成就展上，位于美国威斯康星州拉辛市的 Case IH 公司推出了最新研制的无人驾驶拖拉机概念车。该车融合了农机领域最新的拖拉机工程技术研发成果，代表了未来拖拉机的发展方向。这款概念车设计了一个全交互接口，允许对预置作业进行远程监控，车载系统自动计算作业宽度，并且根据地形、障碍物或同一地块其他作业机器，进行高效路径规划，远程操作员可以通过台式计算机或便携式平板电脑监控和调整路径。

纽荷兰 NH 驱动概念拖拉机内置了自动驾驶软件，并发布了配套的 App，通过对拖拉机以及农场的路径提前进行路径规划，农场工作人员可以看到，拖拉机自动驾驶到农场，工作完成后自动返回停车位。

约翰迪尔公司和爱科公司合作，不仅将农机设备互联，更连接了灌溉、土壤和施肥系统，公司可随时获取气候、作物价格和期货价格的相关信息，从而优化农业生产的整体效益。

种植业 4.0 时代，在农机自动驾驶技术基础上，应用以物联网为基础的车联网技术、人工智能技术以及互联网技术，将区域范围内所有农机具接入统一的农机智能调度网络。根据作业任务、性质、地点、气象条件、优先级以及农机具的工况等信息，采用智能优化算法实施农机具的合理调度，实现可靠、高效、自动的农业生产作业。

三、智能植物工厂

智能植物工厂是将现代生物工程技术、农业工程技术、环境工程技术、信息技术和自动化技术应用于农业生产领域，通过设施内高精度环境控制实现农作物周年连续生产的高效农业系统。植物工厂是国际上公认的设施农业高级发展阶段，是一种技术高度密集、不受或很少受自然条件制约的现代农业可持续生产系统。在这个生产系统中，使用保温不透光材料作为围护结构，采用立体栽培技术，利用荧光灯、LED 等人工光源为植物提供光照，并配备有循环风机、空调、CO_2 施肥系统、营养液循环系统等设备，植物生长发育直接相关的部分或全部生产要素（环境因子和水肥供给等）全程可自动化调控，并具有一定植物生产流程的空间自动管理功能，实现植物规模化高效生产，植物产量可达到传统农业产量的几十倍甚至上百倍。智能植物工厂采用物理、农业技术代替化学农药杀虫灭菌，使植物品质达到绿色甚至有机品质；采用资源循环利用技术，既提高了多种资源利用率，又实现了零排放零污染。由于智能植物工厂不占用农用耕地，产品安全无污染，操作省力，机械化程度高，单位面积产量可达露地的几十倍甚至上百倍，因此被认为是21世纪解决人口、资源、环境问题的重要途径。

广义的植物工厂包含了传统的设施农业，它最早起源于欧洲，1957年世界上第一家植物工厂诞生在丹麦。1964年奥地利开始试验一种塔式植物工厂，后推广到俄罗斯、北欧地区及部分中东国家。1971年丹麦也建成了叶菜工厂，用于快速生产独行菜、鸭儿芹、莴苣等。日本在植物工厂（尤其是人工光源植物工厂）推进技术发展中起到重要作用，1974年日本建成一座电子计算机调控的花卉、蔬菜工厂，此后相关的环境控制生物学、环境控制技术、生产设施与执行机构等技术与装备得以快速全面发展。20世纪80年代至2000年，日本在植物工厂中生产蔬菜、小麦、水稻、植物组培苗等获得成功，引领推进了产业的发展方向。同时，荷兰在太阳光植物工厂及LED补光领域发展较快，技术传播到世界各国。我国从2000年通过引进、消化、吸收世界先进的工厂化设施及其栽培技术开始研发植物工厂技术。

从传统设施农业向智能植物工厂的发展是以生产要素管控自动化水平来判定的。生产要素包括温度、湿度、CO_2浓度、气流、光照等环境要素以及植物产品从育苗到采收的各项管理要素。种植业4.0时代的智能植物工厂应用大数据、人工智能、物联网以及机器人等先进技术，实现了生产要素的完全控制，通过环境要素、水肥要素的自动智能化调控以及植物产品从育苗到采收、分级等环节完全自动化管控，达到高产、优质和无人化的目标，是植物工厂发展的最高级阶段。

目前，智能植物工厂的发展需要在以下几个方面进行突破。

（一）研究植物生长模型和环境模型

大数据是当前国际上的热点研究方向，通过大数据获取技术以及数据挖掘处理技术，研究智能植物工厂数字化作物高效生长管理模型，建立作物生理信息与环境、营养物之间的定量规律，为温室精准化管理提供依据。通过不间断实时连续获取植物工厂环境参数以及调控设备的工作状态，采用人工神经网络深度学习算法等人工智能技术，研究具有在线自动优化能力的植物工厂环境参数模型，为智能植物工厂环境智能控制提供技术支持。

（二）研究植物生产调控策略

随着深度学习算法等人工神经网络学习技术的发展，人工智能正逐渐被引入工业、农业等领域。将人工智能技术引入智能植物工厂，能大大提高环境管理调控水平。采用人工神经网络、遗传算法、支持向量机、模糊控制等人工智能技术，根据植物工厂环境模型和作物生长模型建立以植物工厂效益最大化为目标的智能化环境及水肥控制策略是未来智能植物工厂的研究重点。

（三）基于物联网技术，建立智能植物工厂管理控制系统

开发基于 Web 的温室数据采集与控制系统软硬件，通过环境、生物、营养物等生物、物理传感器以及无线传感器网络，将智能植物工厂中的环境采集设备和环境调控设备以无线方式联网，建立网络化环境调控系统，实现植物工厂可靠、实时、精准的集约化控制。

（四）研发植物工厂智能机器人

农业机器人是未来工厂化农业的主要技术装备，通过机器人自主导航技术、目标自动识别技术以及机器人精准作业技术的发展，机器人在智能植物工厂的育种、种植管理、采收以及果实分级等方面大有用武之地。针对设施内复杂的工作环境，采用 GNSS 导航、视觉导航、激光导航、惯性导航、测距导航、电磁导航等多种导航技术融合的综合导航技术，实现机器人的高精度自主导航，满足机器人作业所需的高精度定位和路径规划要求。采用机器视觉技术、超声波技术和光谱分析技术相结合的方式，实现机器人的目标识别及定位。采用柔性设计的机械臂和末端执行器，实现育种、种植、采摘、果实分级等工作的自动化。

当前的植物工厂技术还达不到智能植物工厂的水平，且存在成本高、能耗大、盈利能力差的问题。随着自动化、智能化等高新技术的研发与应用，产业规模化、标准化发展，植物工厂终将走向智能化、无人化、低成

本、高产量、高品质、高效益的健康之路。随着世界人口数量的不断增长和生活区域的集中，智能植物工厂必将得到大面积应用，成为未来解决农业土地空间不足、资源短缺的有效途径。

四、全自动无人农场

随着种植业 4.0 各项技术的不断推进，全自动无人农场将逐步变为现实。全自动无人农场的实现是种植业 4.0 的主要标志。

由英国什罗普郡哈珀亚当斯大学的乔纳森·吉尔、基特·富兰克林和马丁埃布尔 3 位科学家组成的研究小组尝试创建了全球第一家无人农场。他们开发了一种自动拖拉机，可由农场主在控制室操作，进行播种和喷洒。同时，利用无人机采集“四情”数据，进行空中评估，观察作物生长情况。然后，用一台自动联合收割机进行收割。这样就避免了农学家亲自去农田观察和作业。2017 年，他们在实验田上条播了春播作物大麦，经过数月耕作，于同年 8 月和 9 月收割。研究小组相信，他们的研究将给农业带来一场革命，可以解放农民，让他们拥有更多时间。他们认为自动化农业已无技术障碍，只要将各种技术统一起来，创建一整套系统，就可以实现从开始到收割的整个耕种过程中无须人亲自到农田去。接下来，他们将采用多种小型、轻型机械，利用自动化创造一个可持续系统进行耕地作业，减少土壤板结度，而这些智能化的小型自动化机械反过来将促进高分辨率精准农业的发展，不同的农田、甚至可能是某一株作物都能得到区别对待，同时优化农田耕种投入并有可能大大降低成本。

日本京都企业 Spread 公司采用智能植物工厂和机器人技术修建了一座完全由计算机和机器人控制的无人蔬菜农场，并于 2017 年正式开张。该农场的机器人将控制从种植到收获的所有生产环节，并同时负责监测温室内的 CO_2 浓度和光照水平。这座无人农场不仅能将产量增加 25%，还将节省大约 50% 的人工。与传统农场相比，这种室内农场具有不可比拟的优势。由于采用立体栽培和水培技术，它们不消耗土壤资源，占地面积极少；多达 98% 的水都被循环使用，也不需要喷洒杀虫剂；由于位于室内，人工照明和严格温、湿度控制让种菜不再靠天吃饭，更容易实现工厂化运作。该无人蔬菜农场位于京都府木津川市，面积达 4 800m^2，研发及建设耗资 1 670 万美元，2016 年春季竣工。新农场 2017 年下半年实现供货，日产量达到 8 万棵。目前，Spread 公司还不能完全实现全自动化操作，仍然需要人工来确认种子是否发芽。由于刚刚发芽的种子极为脆弱，他们开发出的播种机器人目前还不能将其顺利取出，但这些问题终将得到解决。

北京水木九天科技有限公司开发的水木蔬菜工厂是我国自主研制的一款可进行全年度连续生产非耐储运蔬菜的智能植物工厂，目前已经完成了番茄、黄瓜、彩椒、茄子以及部分叶菜的工业化种植模式研究。水木蔬菜工厂的核心思想是利用种子自身的无限生长特性，建立标准化的完全可控环境体系和规范化生产工艺流程，降低建设成本，保证产品质量。水木蔬菜工厂的生产设施采用改进的连栋温室结构，保证了标准化的要求。通过改进温室钢架连接结构等方法提高温室的保温性能；通过采用地源＋太阳能光热＋电辅助加热控制模式有效地降低冬季增温耗能。水木蔬菜工厂采用大数据技术建立了种植管理模型，实现成本、品质控制。该模型可根据多年来的气象数据和作物生长周期进行学习，能够结合作物生育期给出环境、能源、水肥和人力调控分配模式。水木蔬菜工厂每个标准的番茄蔬菜工厂模块建设规模为 50 亩，总建设面积为 33 300m^2，其中有效种植面积为 28 000m^2，辅助育苗、办公、包装、冷库等部分占地 4 400m^2，全年度产量为 100 万 kg。水木蔬菜工厂的一个番茄生产模块已经在北京落成，投资为 8 650 万元，生产的高品质番茄已供应市场，其优异的品质和合理的价格获得了市场好评。

第七章　智能农业畜牧

到了21世纪下半叶，农业将逐步进入4.0时代，作为“农业4.0”的重要组成部分，全球畜牧业也将迈进4.0时代。从此人类将彻底摆脱家庭散养、自给自足的传统畜牧业1.0时代，也将使以设施化养殖为特征的2.0时代成为历史，大部分畜牧业将从产业化、规模化、集约化为前提，以精准化、自动化养殖为特征的3.0时代，跨越到基于物联网、大数据、人工智能、云计算等尖端科技的在畜牧领域创新应用为前提，以无人值守养殖场和牧场为特征的畜牧业4.0时代。

第一节 畜牧业发展变迁

一、畜牧业 1.0

畜牧业的进步，与人类历史发展的轨迹一脉相承。在茹毛饮血的原始时代，原始人类凭借着一根木棍、一把石斧、一片利骨，便能够实现围猎驯兽、垦荒播谷，并逐渐开启了人类刀耕火种的文明衍生之旅。那是一段充满蛮荒的历史，“畜牧业”概念还未诞生，但对动物的驯化、繁衍行为却从未止步。此前，无论是氏族、奴隶还是封建等社会时期，自从有了家庭（族）这个组织单元，畜牧业的发展一直保持着“家庭散养、自给自足”为主、市场供给为辅的基本形态，这就形成了非常传统的畜牧业 1.0 时代。这种畜牧业 1.0 一直持续到近代。

畜牧业 1.0 时代的养殖户大多是种养生息，既种田又养牲畜，农牧并存。每户最多能养 100 头猪、10 头牛、1 000 只蛋鸡，猪和肉牛的出栏率很低，分别为 50% ～ 90% 和 5% ～ 15%。他们以相对天然的方式来喂养畜禽，往往在自家的院子里把鸡、鸭、猪等混养在一起，或搭建简易的棚圈进行饲养，按需投入饲料，对于牛、羊等食草牲畜，则需要到山野或田地里去放牧，或者在所搭建牛圈、羊圈里喂食所收割的草料。同时每天需要起早贪黑，喂养畜禽，购买饲料或放牧牛羊，清理猪圈、牛圈、羊圈、鸡圈等，同时还要寻找销路，沿街叫卖或向收购部门推销。不仅耗心费力，而且由于这一时期的生产状况非常落后，靠天养畜，劳动生产率极其低下，饲养方式粗放，天然牧场得不到合理利用，对于草场资源是只使用不保护，造成草场的退化、沙化、碱化，使得牧草的数量和质量低下，该时期养 1 只羊普遍需要天然草场 20 多亩（高考达 30 亩以上）。同时，由于缺乏有效管理，一旦畜禽生病，不仅难以得到及时医治，而且还会蔓延，加上饲料的不足，这一时期在正常年份畜禽的死亡率能高达 6% 以上，灾年则更高，可达到 24%，“夏饱、秋肥、冬瘦、春死亡”成为畜牧业 1.0

时代难以解决的普遍现象。所产出的肉蛋奶难以满足人们的基本需求。此外，作为畜牧业副产品的皮毛的产出率也很低下，由于靠手工剪毛，效率低下，造成大量皮毛的损失。

二、畜牧业 2.0

伴随着市场经济的发展，以及人口数量和生活所需的增长，人们对猪、牛、羊、鸡等畜牧产品的需求不断增加，随之相伴的是批量家庭作坊式、小型养殖户、专业合作社陆续出现，以“设施化养殖”为特征的畜牧业 2.0 时代到来了。

传统的简易棚圈养殖模式抗灾能力差，不能有效防范台风和雨雪，且不能起到保温作用，更不能实施有效的通风和降温。设施化养殖模式则是对养殖小区或养殖场进行规划布局，采用标准化的畜禽棚舍，这种棚舍不仅能防风掀翻和避免雨雪积压倒塌等自然灾害对畜禽的伤害，同时还具有冬季保温、夏季通风和自然采光等改善饲养环境的功能。同时，以规范化的生产管理模式，进行规模化养殖，提高畜禽的生产性能和劳动生产率水平，节约劳动成本。另外，规模化养殖并不是盲目地扩大生产规模，规模化养殖是伴随有各配套措施的完善，如养殖技术、管理水平、疾病预防控制能力、市场销售能力等。

设施化养殖的核心的是养殖技术和管理的规范化。首先，加强良种繁育体系建设，不断提高种畜禽质量，规范畜禽良种繁育；其次，不断提高畜产品的质量水平，在原材料采购、生产设备、产品加工、检测、疫情防控与处理等各个环节入手，层层把关，保证产品质量；同时还要增加养殖户的教育与培训。

畜牧业 2.0 时代的养殖户一般能养 1 000 头猪、100 头牛、10 000 只蛋鸡，猪和肉牛的出栏率得到了显著提高，分别为 90% ～ 130% 和 25% ～ 35%，所产出的肉、蛋、奶能大体满足人们的需求，养殖户的生活已达到小康水平。劳动生产率、出栏率及生活水平之所以能比 1.0 时代大幅度地提高，主要原因是不再靠天养畜，而是合作共赢的养殖模式加上专业饲养，由靠饲草为主的畜牧业过渡到以人工种植饲草和饲料为主的畜牧业，由粗放管理过渡到规范管理，由手工作业过渡到机械化作业等。主要体现在以下几个方面。

（一）草场库伦化

用铅丝、石头、草皮、土墙或灌木将草场围成一块块来饲养家畜。围建时因地制宜，就地取材。草库伦的大小是根据草场上草的生长情况和放牧家畜的头数来决定，草生长繁茂或家畜少的围小些，一般是 200 ～ 300 亩为宜，干旱的草场可以达到 500 ～ 1 000 亩。围建后能合理使用草场，保护草场，增加产草量，提高载畜量，还可有计划地进行轮牧或打草。家畜在草库伦内放牧，自由采食，日夜吃草，不需要人工放牧，减轻劳动强度，劳动生产率比畜牧业 1.0 提高了几百倍。草场围建后实行有计划地轮牧，十多年都不用重播。人工草场的产草量比天然草场的产量可以增加几倍，而且养分高。养 1 只羊只需要 1 ～ 6 亩草场就够了。

（二）饲料标准化

根据不同生产目的和不同种类家畜、不同生长发育阶段对营养的需要，配制各种营养价值比较完全的饲料，即全价饲料（包括能量、矿物质、微量元素、维生素和各种氨基酸等），使畜禽能在高水平生长条件下，保持正常代谢，充分发挥其生长性能，提高产品率。只要饲喂必需的全价饲料，畜禽就可以在一定时期内产出数量多和质量好的产品，也就是说用最少的饲料以最短的时间获得最多、最好的产品，使同批饲养的畜禽生长发育均匀，出售屠宰时间一致。食草牲畜只是部分采用全价饲料，大多数靠种植饲草，自己加工配合，对放牧的家畜也要按营养需要搭配饲料。如草场上搭配播种豆科和禾本科牧草，以增加蛋白质含量。

（三）饲养机械化

在这一时期，由于采取了设施化养殖模式，畜群高度集中，密度大，基建和机械设备也可以集中，适于实行机械化作业，可显著提高劳动生产率。畜牧作业中从翻土、耙地、播种、镇压、施肥、喷药、打草、搂草、拣拾、堆垛、青贮、运输，青贮饲料的收获、铡碎，青贮塔内的自动铺匀和镇压，挖掘青贮饲料等过程以及畜禽棚舍中的挤奶、拣蛋、添料、供水和粪便处理等都采用了畜牧机械，诸如动力机械、草场建设机械、饲草和饲料种植机械、饲草和饲料生育过程的管理机械、饲草和饲料收获机械、饲草和饲料加工机械、饲草和饲料保护机械、畜禽饲养管理机械、畜禽疫病防治机械、畜禽繁殖改良机械、畜产品采集和初加工机械、畜产品冷藏机械设备、运输机械等。

（四）畜禽良种化

畜禽良种是指具有高产、稳产、耐粗饲、适应性强、多抗、优质、繁殖率高等特性的品种。畜牧业 2.0 时代，在加速繁育良种和畜禽改良工作、优良品种繁育体系的建立、品种选育以及利用现有的优良品种进行多品种杂交，获得更好的杂交后代等方面不断地开展相关工作，提高畜禽的生产性能，实现畜禽良种化。

（五）防疫综合化

为了克服畜牧业 1.0 时代在防治畜禽疾病特别是危害严重的传染病方面的不及时甚至蔓延的弊端，畜牧业 2.0 时代建立了比较完善的兽医卫生防疫体系，根据疾病的特点，制定和颁布兽医法规，确定兽医职责，规定兽医有权监督法规的贯彻执行。法规中规定防治疾病的具体措施，特别是对危害严重的传染病，一经发现就立即认真按照法规规定进行封锁隔离、扑杀、烧毁，消灭疫源，还针对各种疾病的流行规律和流行情况规定针对不同疫病的防治办法，对产业化养殖的畜禽，在防疫上要求更为严格，制定各种疾病的防治办法和免疫程序。在口岸检疫上设置专用的隔离地区和消毒设施，杜绝检疫对象从境外传入和防止疫情扩大，并进一步加以扑灭。从上至下都建立了健全的防疫检疫机构和兽用药品的低温贮存、运输体系，保证生物药品的质量和及时供应。

（六）管理规范化

各个地方都设有畜牧管理局等部门，负责良种畜禽的引进、培育与推广、种畜禽及畜产品的质量标准的制定、按标准对种畜禽场进行验收、依法对种畜禽生产经营进行监督管理、畜牧业商品基地的建设管理以及畜牧业环境保护工作等。具体包括畜禽改良、疫病防治、饲草饲料的试验与改良、动物检疫、畜牧兽医站建设、兽药生产及销售的监督、畜牧科技信息的传播和推广、畜牧统计、畜牧法令等的规范化管理。

三、畜牧业 3.0

畜牧业 3.0 以设施自动化养殖为特征，主要包括畜种良种化、品种多样化、结构合理化、功能专业化、规模大型化、生产机械化、定量精确化、控制自动化、管理信息化、经营产业化等特点。在硬件上，畜牧业 3.0 在大规模优质草料种植、牧草收获、禽畜饲养各个环节等通过普遍采用各类机械，全面实现自动化；在软件上，畜牧业 3.0 有非常完整的科研体系，注重畜种的改良，畜禽品种全部实现良种化，并且畜牧业生产结构合理；在发展环境上，社会服务体系健全，生产高度专业化，可以提供产前、产中、产后一条龙服务。下面以设施自动化养猪场为例来介绍一下设施自动化养殖模式的各个功能体系。

各种猪在养殖场中需要分开饲养，这样能有效减少猪的染病概率。猪舍一般划分为母猪区、保育仔猪区和肥育猪区。养殖人员在不同区域移动或进出猪舍时都应消毒。猪舍中安装有不同种类的传感器对猪舍环境进行监测，如温度计、湿度计、摄像头、氨气测控仪等。猪舍内每头猪佩戴一个 RFID（射频识别）电子耳标，耳标中记录猪的耳标号、品种品系、胎次、父号和母号、出生日期、年龄、发情、生产、分娩、疾病、免疫等信息。主要包括以下自动化系统。

（1）环境控制系统。设施自动化猪场的控制主要是指温度、湿度、各种气体、通风及光照等环境因素的控制。通过各种传感器直接对猪舍环境信息进行采集，在后台监控系统中对采集的数据进行处理、显示、预警等，实现对猪舍环境的实时监测和远程监控。一旦环境有任何异常，工作人员可以及时采取措施，例如，当空气中有毒气体浓度超过预先设定的阈值时，人为地打开窗户进行通风，为猪舍中的猪提供最适宜生长发育的环境，同时也减少了疾病的传播。

（2）精细饲喂控制系统。猪的基本信息写入电子耳标中，信息一般包括一个唯一的序列号，并将电子耳标扣在猪耳朵上。气动门安装有红外感应器和滚动的滑轮，猪站在气动门外红外感应器有效感应距离内时，气动门会打开一道缝，猪通过滑轮挤进站内，猪个体完全进入后，气动门会自动关闭，防止其他猪进入。饲喂站采用全封闭式结构设计，防止其他猪抢食和干扰正常采食。当母猪个体通过气动门进入精细饲喂站时，读写器通过天线自动读取该母猪耳标信息并进行身份识别，同时将母猪个体信息传送到计算机中，与现有数据库规则进行比较推理，利用模糊控制技术将饲料槽得到的饲料重力反馈信息进行逻辑推理，得到最佳的饲料投放量和下料速率。猪吃完当天的饲料配额，不管再触发多少次阅读器，计算机不会发出打开饲喂槽上盖的命令，猪就会自动从前门离开，别的猪再排队等待进食。如果计算机得到某只猪连续几天没有进料记录，则说明这只猪有异常情况，计算机管理系统会自动提示信息，以便饲养人员及时进入猪舍查明具体情况。猪精细饲喂控制系统能够自动精确测定猪生长过程中的各项数据、自动生成各种数据报表、自动绘制生长曲线，为种猪的选择、育种提供指标参数，也可以依据饲料实际饲喂效果的精准数据，选择最佳配方饲料。

（3）防疫系统。在猪的养殖过程中，需要根据猪生产过程与猪场周边疫病情况给猪注射疫苗，此工作由技术人员完成。首先由技术人员决定何时给哪些猪注射多大剂量的何种疫苗，在仓库取出疫苗并调配好后，进入猪舍对猪进行注射，期间要做好消毒工作。之后技术人员要将工作内容录入到猪的“疾病防疫记录”中。当饲养人员或摄像头感应器发现猪出现异常时，将及时通知技术人员赴现场查看。技术人员判断出病情后进行治疗。如需药品到仓库取药后对病猪进行注射治疗，传染病需要对病猪换圈隔离，如“咬尾病”等疾病。技术人员在治疗过程中需将病猪的状态修改为“某某病”，同时将治疗过程录入猪的“疾病防疫记录”。如病猪死亡，要及时清理和消毒，防止疫病蔓延，技术人员修改猪状态为“死亡”。

（4）配种系统。到了猪的发情期，首先技术人员推算发情期临近，饲养人员或摄像头感应器发现猪出现异常，技术人员现场查验确定猪到了发情期，便将猪状态修改为“发情”。之后技术员决定种猪与母猪配种。交配过程需饲养人员配合将母猪与种猪换圈到指定交配场地，交配结束后返回原圈。技术人员根据交配过程录入猪“配种记录”。配种后饲养人员与技术人员观察母猪情况，确定母猪受孕后，技术人员修改母猪状态为“妊娠”。母猪分娩时技术人员推算分娩时间，与饲养人员提前到场准备。由于母猪分娩时间持续较长，这段时间人力会比较紧张，管理人员要仔细调配。母猪分娩结束后，技术人员为母猪录入“分娩记录”，为新生小猪编号，录入“出生记录”，根据母猪“配种记录”录入“种猪谱系记录”。一定天数后饲养人员将小猪换圈到保育仔猪区，并在新出生的小猪 30 天后，为其佩戴电子耳标，记录相关信息。

（5）出售系统。饲养期临近结束，饲养人员与技术人员需提醒管理人员，管理人员尽快安排成猪出售工作。生猪饲养期结束出栏，技术人员修改猪状态“成猪”，并应尽快出售。出售分两种情况，猪场运猪外出或购买人进猪场运猪，两者都需要注意消毒工作。售出的猪状态由管理人员通知技术人员修改为“售出”。死猪及售出猪资料应定期清理。对于猪场成猪的销售对象，饲料、药品、疫苗的购买对象，上级相关管理部联络人员、税务人员、管理人员都应记录联系方式与基本情况。

（6）粪污处理系统。畜牧生产所产生的粪污可以被耕地利用，实现生态畜牧业的良性循环。牧场粪污处理的主要渠道是还田、生态利用，及其他方式如制沼气、发电。猪场粪污与猪场的清粪工艺密切相关，猪场的清粪方式有干清粪、刮粪板、深池式、拔塞式及水冲式。猪场的粪污处理主要用于制作有机肥，粪污一般自然发酵 6 ～ 9 个月后即可直接利用，还可以将粪便通过高温腐熟堆肥加工成复合有机肥料，产品用于特种种植业可以获得较好的经济效益，一年出栏万头的商品猪场有机肥设备投资 20 万～ 40 万元，一年可生产大约 2 000t 有机肥料。粪污还可以制沼气，沼气可以供应农户作燃料或发电使用，这种方式可以应用于大型养猪场。

畜牧产业的规模化增长，一大批中型、大型畜牧养殖企业的产生，一些包括饲料、兽药、疫苗、养殖、加工、销售等畜牧产业链条上发展较快的龙头企业的形成，更有一批畜牧企业成功上市，就预示着以全球市场为目标、以设施自动化养殖为特征的 3.0 时代的到来，该时代是以信息化为主导的技术密集型和资本密集型的高效畜牧业和环保畜牧业，通过提升产业化、集约化和自动化的水平等手段，实现高投入、高回报、节能环保、可持续发展。

畜牧业 3.0 时代的养殖场大多能养 15 000 头猪、500 头肉牛、150 000 只蛋鸡，猪和肉牛的出栏率达到 130% ～ 190% 和 35% ～ 60%。这种高效畜牧业不仅可为本地区或本国人们提供优质的肉、蛋、奶，而且还具备了把畜禽产品出口其他地区或国家的生产能力，养殖户的生活达到了中等收入的水平。劳动生产率、出栏率及生活水平比 2.0 时代又有了大幅度的提高，主要原因除了合作共赢的畜牧业合作制以外，规模化、产业化、集约化、设施化及自动化是畜牧业 3.0 快速发展的主要推动力。主要体现在以下几个方面。

（一）合作共赢的畜牧业合作制

虽然畜牧业 3.0 仍然以家庭牧场为主要经营方式，但各养殖户彼此间视为利益共同体，而不是竞争对手，他们生产的畜产品几乎完全相同，在市场上销售也没有自己的标志，因此全部具有相同的市场地位。由于这种共同的特点，各养殖户间结合起来，其实体就是为养殖户提供各种周到的社会化服务的合作社。这种服务组织下连养殖户，掌握并反映养殖户的要求，上为政府和相关机构制定农业政策提供建议。另一种组织体系是畜牧业协会、饲料协会等各种协会，这些协会把养殖户联合起来，目的是加强牧场主的政治地位和社会地位，从根本上保护牧场主和相关从业人员的利益。这种服务组织，不仅帮助养殖户减少生产、加工、销售过程中的成本，增加收入，还在保护养殖户的切身利益方面起到了重要作用，一定程度地促进社会的进步与稳定。

（二）建立大规模专门化商品生产服务体系

大规模生产单位比小规模生产单位具有明显的优势，体现出畜牧业 3.0 集约使用投入品、技术和资金的大规模经营和专业化生产的特点和趋势如下：①大力推进规模化、产业化、设施化、自动化饲养，是畜牧业 3.0 建设最主要也是最直接的做法。因大量新技术的采用、自动化机械和专业化设施投入的增加，养殖场的数量相对减少，但规模却越来越大，并且越来越产业化、专业化和集约化；②建立相当完善的畜牧业社会化服务体系。畜牧业社会化服务体系由国家、集体（合作社）和私人组织共同承担，虽然服务组织形式不尽相同，但真正的主角是合作社和私营涉农工商企业，服务内容包含了从良种引进、品种选育到疾病防治、检疫监测、灾害预测防范、产品保险供应等各个方面，有力地支撑着畜产品规模化生产，促进畜牧业的一体化经营。

（三）注重科技的研发与推广

推动畜牧业 3.0 发展的动力除了市场的拉动和政策的引导以外，科技的推动也起着关键的作用。高度重视畜牧科技的研究、扩散与推广工作是畜牧业 3.0 的核心环节和主要经验。通过科研机构和推广部门有机结合，相互配合，形成了畜牧业技术研发、推广网络，使得一大批高新技术得到有效示范推广应用，大大提升畜牧业的水平。

首先，随着禽品种改良和良种普及化程度的提高，畜禽的总体生产能力大大提升。包括整合资源开展联合育种范式和产学研合作利益联结机制，在政府和协会的统筹协调下，实施联合育种，充分挖掘利用优秀种质资源，实施统一遗传评估，建立统一育种信息共享发布机制，从而促进遗传改良速度的加快。同时，利用跨国育种公司在全球范围内整合资源，寻求伙伴开展联合育种。育种体系不仅包括相关高校和科研机构，公司和生产者等市场主体在育种过程中也高度参与，以大育种公司为主导，与高校和科研机构进行合作，建立以市场为导向的产学研利益联结机制。

其次，高度重视畜牧科技推广，促进畜牧科技成果的普及和利用。广泛应用自动化技术、人工授精育种和优质饲料，推广先进的畜产品加工技术，生产高附加值的加工畜禽产品。注重加强畜牧业技术推广队伍建设和充足科技推广经费支持，辅助畜牧业推广机构建立的全国性计算机信息推广网络平台，通过建立以政府为主导，牧场、企业和个人等多元化的畜牧业技术推广体系，确保更广范围的人们接受培训并加以实践，推进畜牧业的发展。

（四）注重畜产品质量安全和动物疫病防疫

与畜牧业 2.0 时代相比，畜牧业 3.0 时代对食品安全、动物疫病防疫问题的重视程度更高，管理机制更完善，检测技术手段更先进，有力地保障食品安全和疫病的防控，主要表现在以下三个方面：①构建畜禽产品安全追溯，畜牧业 3.0 把畜禽产品质量作为衡量牧场主信誉度的标准，而畜禽产品信息的可追踪系统起到了以统一标准为中心的畜产品质量安全配套管理体系的保障作用，这个追溯系统包括从原材料的产地信息，到产品的加工过程，直到终端用户的各个环节；②畜牧业标准化是规范畜禽产品市场经济秩序、保障畜禽产品质量和消费安全的基本前提，在畜牧业 3.0 时代，包括生产环境、生产过程与工艺、严格产品质量的畜牧业标准化在内容和形式上已经相对成熟，通过产前、产中、产后各环节标准体系的建立和实施，从而达到高产、优质、高效的目的；③注重提高动物疫病防疫控制能力，建立健全的兽医防疫和监测预报体系，通过卫生专业人员和其他学科之间的跨部门和机构合作，加强国际和区域合作与协调，确保动物健康免疫，提高畜禽产品质量，从而确保消费者食用安全营养的畜禽产品。

第二节　智能畜牧

伴随着移动互联网、物联网、大数据、人工智能、云计算等尖端科技的创新应用，畜牧业即将进入以无人值守牧场为特征的4.0时代。畜牧业4.0是超高产、高效、优质、生态、安全的智能畜牧业。这一崭新时代，不仅养殖的畜禽数量和质量、出栏率及劳动生产率有了大幅度的提升，而且对劳动力的需求非常少（主要是管理人员和技术人员），能够以不到1%的畜牧业劳动力就能养活整个地区，甚至可为其他地区和国家提供高品质、高营养的肉、蛋、奶产品，养殖户的生活达到富裕的水平，牧场主成为富人群体中的一员，畜牧业也将成为令人羡慕的行业。

畜牧业4.0涉及畜牧学、动物遗传育种学、动物营养学、饲料学、草业学、分子生物学、化学工程学、机械工程学、信息工程学、工程管理学等多学科的交叉，实现“畜牧业4.0”则需要畜牧业—工业—信息业的高度融合。其主要表现形式包括GPS或北斗卫星定位追踪、放牧带信息收集和管理、草地资源保护及循环利用系统、畜牧业机器人、“互联网+购买+销售+追溯”、畜牧业多元协同化、优质牧草培育、分子生物学动物遗传育种、动物疫病的预防诊断和治疗、抗病基因片段植入，借以抗病乃至于降低兽药需求。同时，畜牧业4.0将有力地推动整个农业向4.0迈进，将现代信息技术与畜牧业生产、经营、管理、服务等整个产业链融合，通过畜牧业生产经营流程的创新与再造，实现牧场的无人值守化。

一、智能牧场养殖信息系统

畜牧业4.0的智能牧场养殖信息系统是在集成多种尖端科技的基础上，根据牧场信息化需求，建立以牧场为中心的管理机制，以RFID电子耳标识别带动养殖日常管理，通过畜禽基本信息管理平台、畜禽电子履历查询平台、畜禽疾病档案管理平台、畜禽防疫管理平台、畜禽生长发育管理平台、畜禽营养管理平台、畜禽繁殖管理平台、基本信息管理平台、报表管理平台、乳牛产奶量管理平台等，实时、全天候地掌握各养殖场的动态信息，实现畜牧养殖管理的精细化、自动化、智能化和无人化。

精细化乳牛管理平台系统通过使用传感网应用中间件，适配不同的主流读写设备，保障信息采集灵活性的同时，传感网应用中间件可以实现信息的过滤，保障采集信息的有效性。该平台系统针对畜禽养殖海量数据实现智能分析与数据挖掘，并融合了畜禽养殖专业技术团队所提供的知识和技术服务，实现全面感知、可靠传输、智能分析、自动控制的全闭环、全覆盖的畜禽动态监测。该平台系统的投入，不仅可以大大减轻养殖户的劳动强度，也能使他们的畜禽生产效率及效益得到大幅提升。

二、“互联网 +”畜牧业

畜牧业 4.0 将出现为畜禽产业提供基于云计算和大数据的智能服务平台——“互联网 +”畜牧业。如“畜牧联网”系统包括畜牧管理、畜禽易购、畜牧金融。其中，畜牧管理平台提供牧场管理、市场信息、物资管理、财务管理、技术培训、每日畜牧价格查询、疫病远程诊断、畜禽养殖知识学习等一系列服务，为养殖户打造一个 360° 的智能化服务体系，同时全方位采集牧场信息，积累大数据，包括养殖中产前、产中、产后的饲料，活畜禽和畜产品价格、销售、库存、运输、繁殖管理、自动饲喂、自动分群、自动发情监测、机器人配种、疫病监测等实时动态信息，通过网上共享，为畜牧业者提供云端服务，为政府和相关机构制定畜牧业发展政策、市场预测和生产决策提供依据。畜禽易购平台提供网上畜禽买卖服务，使畜禽产品电子商务、订单畜牧业、拍卖畜牧业成为畜牧产品的主流交易方式，同时为养殖户提供饲料、动保、疫苗等生产资料的购买服务。畜牧金融平台利用畜牧管理和畜禽交易积累的大数据，依托征信模型，形成一个不同于传统商业银行、面向养殖户的普惠制畜牧业互联网融资新模式。通过“畜牧联网”系统获取的生产经营数据和交易数据，以及对养殖户深度服务获取的基础信息，利用大数据技术建立客户资信模型，形成较强的信贷风险控制力，为符合条件的用户提供不同层次的金融产品。

另外，“畜牧联网”系统还将拥有为畜牧产业链服务的手持终端、“畜牧联网”公众管理平台和智能设备 App 等多款相关产品，吸引众多的忠实“畜牧联网”系统粉丝，由他们构成“畜牧联网”系统的潜在用户群体，即“畜牧圈”，使他们不仅在用“畜牧联网”系统来改进自己的经营管理，网上开展畜牧市场，而且通过推出数字牧民之家、特色牧区旅游、特色畜牧经济和招商引资等各项内容，充分利用“互联网 +”的跨时空、交互式、整合性、超前性、高效性及经济性，实现资金流、物流和信息流在牧区的应用，通过这种“互联网 +”畜牧业方式加强信息的多元化、知识的广博化、市场的强劲化、法治的常态化和网络的智慧化。

三、牧场的无人值守化

畜牧业 4.0 的养殖场将引入先进传感、智能机器人、无线传感器网络及大数据环境下的数据流计算、数据仓库和信息整合等技术。这样工作人员就不需要直接到达各个养殖场的现场，只需利用智能监控中心、智能设备及安装在养殖场和相关区域的大量传感器、自控设备和机器人，实现对畜禽及周围环境信息的不间断感知，接入互联网及云架构物联网，对所获取的海量数据进行智能处理，实时显示在手持终端上，这样就可以及时全面地掌握养殖场的情况。在养殖场内，利用各类机器人进行乳牛的挤奶、牛群的放牧、家禽的饲喂和饮水、禽蛋的收集等工作。畜禽健康状态将在大数据分析支持下得到实时的监控和干预，新生畜禽将享有更加精准的优生优育的筛查和干预，畜禽疫病的预防预警将及时准确地推送给工作人员，被动医治将被主动预防代替，不过一旦有畜禽生病将立即进行干预并快速治疗。例如，通过在畜禽体内植入纳米传感器来对它们的健康情况进行实时的监测。一旦监测到畜禽生病，通过机器人兽医立即为生病的畜禽进行诊断，并开具药方；机器人药剂师再按照药方为其提供相应的治病药物。从而及时地医治生病的畜禽，避免疾病传染给其他畜禽，有效地防止畜禽疫情的发生，确保养殖生产的安全性以及工作人员的健康和生命安全。利用上述技术及系统，不仅实现了畜禽的福利养殖，而且大幅度地提高了繁殖率、产奶率、产蛋率及肉产品的品质。

（一）智能乳牛挤奶机器人

畜牧业 4.0 将全面应用如智能乳牛挤奶机器人。需要挤奶的乳牛会主动排队等待机器人提供服务。在为乳牛进行挤奶时，机器人首先会对乳牛乳房进行自动定位，接着对乳房进行消毒，将吸奶器固定之后，很快就能完成挤奶工作。除负责挤奶外，机器人还能对分乳区、每个乳区的奶量及牛奶的质量进行自动监测，如牛奶的糖分、颜色、脂肪、电解质、蛋白质等都是机器人要监测的项目，装配有牛群导航仪的机器人还能够监测牛奶当中的乳酸脱氢酶。质量不合格的牛奶，会自动装入专门用于存储废奶的容器中；即使是合格的牛奶，为了保障牛奶的品质，机器人也会将最初挤出的一小部分牛奶作为废奶处理掉。另外，机器人还可以自动统计并分析乳牛的健康状况、产奶量、挤奶频率等，并将其存储到存储系统中，一旦发现数据异常，机器人可以自动发出警告。同时机器人还负责自动发料给乳牛并自动监测乳牛的饲料消耗，同时也监测乳牛的活动量，并且提供在线的体细胞检测等。

（二）智能肉牛管理机器人

畜牧业 4.0 将应用拥有先进的感应系统及全球定位系统的智能肉牛放牧管理机器人。

该机器人能自动检测牲畜群的运动速度，并驱赶它们在沟渠、沼泽、山丘等不同的牧场地形中移动，实现自主放牧肉牛、管理牛群的功能；同时通过安装的各种不同的热量和视觉传感器，实时监测肉牛的体温和行为变化，跟踪监测肉牛的健康状况；利用机器人上安装的色彩、纹理和形状传感器还可以检测牧草的质量。智能肉牛管理机器人通过安装牛犊自动管理装置，针对犊牛特有的口腔活动和反刍行为自动适时补充粗饲料，以降低动物的异食癖，适时提供干草料和代乳料的组合饲料，降低口腔异常活动，提高反刍率，满足铁元素的需要，避免牛犊缺铁导致贫血进而发生疾病甚至死亡。智能肉牛管理机器人还具备使牛舍保持适宜的温度、湿度、空气流通等环境监控的功能，同时还具备牲畜粪便自动处理功能，水冲式清理养殖场里的粪便，快速将粪尿水中的有机物、悬浮物及其他固体物质分离出来，不仅降低化粪池的要求，还避免造成任何营养成分的浪费。

（三）智能生猪养殖监控系统

智能生猪养殖监控系统能满足猪舍空间大及温度、湿度、有害气体等分布不均匀等复杂环境综合监控要求，实现规模化生猪养殖的自动化、精准化、智能化和可持续化。该系统利用无线传感器技术对猪舍环境温度、湿度及有害气体浓度进行自动采集，根据采集到的环境参数生成控制算法，并对风机及降温、加热设备进行自动化控制。通过采集猪周围局部空间的环境参数值，可以更加真切地反映猪的体感，也更有利于准确控制相关参数。该系统充分利用模糊控制、神经网络、遗传优化、混沌控制等智能控制算法，使系统监控赋予智能化。对舍外环境进行监测，可以及时处理有害物质，进而减少有害气体的排放，体现了该系统监控的可持续化。

（四）智能家禽养殖监控系统

智能家禽养殖监控系统可对富集型笼中家禽的健康状态及饲料质量、饮水器中水量情况进行实时监控，不但可以保证营养丰富的优质饲料和充足新鲜的饮水，还能通过日常的饲料消耗量和耗水量，自动对家禽健康状态进行预测，同时帮助工作人员收集鸡蛋、鸭蛋、鹅蛋并利用机器人进行自动装卸。

该系统还能实时监控养殖区的温度、湿度、有害气体、粉尘、病原微生物浓度等养殖环境信息，及时自动清理家禽养殖过程中的粪便等垃圾，并对禽舍进行全面清洗和消毒，同时能收集鸭毛和鹅毛并对其进行分离，用于加工成羽绒制品。类似于智能生猪养殖监控系统，智能家禽养殖监控系统也具备保证适宜温度、湿度、空气流通的功能。通过安装育雏期仔鸡的红外线断喙系统，利用红外线光束穿透鸡喙硬的外壳层，直至喙部的基础组织，减轻禽类断喙过程中的应激反应。

上述的各种智能畜禽养殖监控系统不仅能实现畜禽养殖的无人值守生产，大大地减少劳动力的使用，而且还充分考虑了畜禽养殖的福利化，大幅度地提升畜牧养殖的效率、效益及畜禽产品的品质。

四、畜牧业的智能生态化

畜牧业的智能生态化是通过生态位、食物链、物质共生及物质循环再生等原理的共同作用并借助系统工程方法和现代科技研究成果，因地制宜、因时制宜、因事制宜发展生态畜禽养殖业、生态畜禽产品加工业并进行废弃物无害化处理等，促使生态效益、经济效益、社会效益三位一体的显著提高。发展畜牧业 4.0 的重要内涵就是使畜牧业越发智能生态化。树立智能生态化理念，避免过度放牧，积极保护牧草资源的基础上，引进优质的畜禽品种，改进饲养方式，积极推进畜牧新技术研发，实现科学化和专业化的畜牧生产，推广精深加工技术，提高畜产品的附加值，这是发展畜牧业 4.0 的根本保障。因此，研发能降低畜禽粪便中的氮素污染的新技术，充分改善养殖生态环境；研发用来吸附、抑制、分解、转化排泄物中的有毒有害成分的新方法，以减轻或消除畜禽排泄物及其气味的污染，如在猪舍内使用光触媒空气净化器，降低猪舍内氨气和微粒的浓度，同时运用生物净化方式，实现对畜禽粪便及其污水的净化与污染消除；研发有效的畜禽粪便再利用技术，以达到减少粪便污染，实现废物资源化的效果，从而形成“饲草料种植—畜禽养殖—粪污处理（有机肥、沼气）—种植还田（大田作物、大棚、林地、花卉）”的循环产业链条。

五、畜牧业的多元协同化

在“农业 4.0”的大框架下，农业是根本、水利是命脉、林草是屏障、耕地是关键、畜牧是基础、有机肥是核心。“畜牧业 4.0”的发展与农、林、副、渔的发展息息相关，只有实现农、林、牧、草相结合等协同化经营方式，才能最终保证生态效益、社会效益、经济效益的共同提高。例如，开发林下草场，积极推广“粮、经、饲”的三元统筹种植模式，“农、林、牧、渔”的四元结合、“种、养、加、销”四元一体，探索林下种养、鱼菜菇共生的新格局，走出一条农、林、畜、渔、水等多元协同化发展的路子，并形成猪、肉牛、乳牛、羊、鸡、鸭、鹅等多元协同化的养殖、研发、加工、销售一条龙产业，业态上形成良性互补的绿色产业链。

畜牧业的多元协同还体现在一、二、三产业的融合。组建畜牧产业联盟或深化分工协作，采取公司 + 合作社 + 基地 + 养殖户方式，发展线上线下有机结合的畜牧业，通过在牧场内修建亭台楼阁、流水人家等独具特色的休闲小镇，打造集生态、旅游、观光、教育、休闲、体验、娱乐等多种功能为一体的亮点产业，赋予畜牧业的科技教育、文化传承、生态休闲、旅游观光等价值，发展休闲观光畜牧业或创意畜牧业，或打造富有历史、地域和民族特色的景观旅游“牧家乐”产业，可吸引众多游客前来参观游览，更能吸引退休后的老年人来参与的领养畜牧业、兴趣畜牧业、体验畜牧业，老年人会把领养的畜禽当作喜爱的宠物来悉心喂养，既丰富生活、强身健体，又陶冶情操、娱乐心智，成为老年人乐不思蜀的最佳养老乐园。周末还会吸引父母带着孩子们来游玩，孩子们在与小动物们一起嬉戏中，收获开心快乐，也会从中汲取自然知识，培养他们的对动物的爱心。

总之，作为“农业 4.0”的重要组成部分，“畜牧业 4.0”必将成为国家经济战略发展的新的着力点，它是畜牧业与工业、信息业的宽泛的契合，它是生态建设的重点之一，是循环经济、低碳经济、生态保护的促进剂，它对于解决我国人口多、天然草地退化、水资源匮乏等问题及保证社会稳定至关重要，它也是保证粮食安全的重要因素，是农牧民增收的有效方式，必将极大地促进农业的可持续健康发展。

第八章　智能农业水产养殖

传统的水产养殖业面临着水域环境恶化、养殖设施陈旧、养殖病害频发、水产品质量安全隐患增多、水产养殖发展与资源及环境矛盾不断加剧等突出问题，这些问题已成为我国水产养殖业健康持续发展的巨大障碍。在这样的背景下，改造提升传统水产养殖业，大力发展绿色、环保、节能、可循环的环境友好型生态养殖模式，对于实现水产养殖产业的健康、高效、可持续发展具有重要的现实意义。探索新型、标准化、智能化、集约化、产业化和组织化水平的智能水产养殖业已是大势所趋。水产养殖业4.0采用物联网、人工智能、大数据、智能装备等技术全面提升苗种繁育、病害防治、生产管理、技术服务、产品销售等养殖各环节的信息化和智能化水平，实现高效利用渔业资源、节能降耗、提质增效、降低生产成本、降低养殖风险、改善生态环境等目标，是我国水产养殖业未来发展的必然方向。

第一节　水产养殖发展变迁

一、水产养殖 1.0——粗放的养殖时代

我国是世界上进行淡水鱼养殖历史最悠久的国家，公元前 460 年，我国出现了世界上第一本养鱼文献——《养鱼经》，我国养鱼史上的著名始祖范蠡用文字详细记载了池塘养鲤的环境条件、繁殖和饲养方法。汉末三国时期的《魏武四时食制》中讲道："郫县子鱼，黄鳞赤尾，出稻田，可以为酱"。就是在稻田里养出小鲤鱼做酱，证明我国在那个时期就已经在稻田里养殖鲤鱼了。在唐代，我国的淡水鱼养殖进入了一个新的发展阶段，开始了青鱼、草鱼、鲢鱼、鳙鱼、鲮鱼的养殖，从单品种养殖扩大到多品种混养。南宋时期，人们对青鱼、草鱼、鲢鱼、鳙鱼的摄食习性已有基本了解，养殖区域和养殖品种进一步扩大。明代的养鱼技术更加完善，已有文字详细记载鱼池建造、鱼种搭配、饵料投喂、鱼病防治等内容。清朝时期我国劳动人民对鱼苗生产季节、鱼苗习性、过筛分养和运输等技术的掌握更加成熟，开始进行鲂鱼、鳊鱼的养殖。

由于农村生产力发展水平的局限，传统水产养殖主要依靠人力劳动，养殖规模小，经营分散，生产效率低下，渔民持续、稳定的增收难以保障，这些因素反过来制约了养殖设施系统集成度的提高。由于缺乏必要的设施设备，传统水产业以粗放型养殖为主。多数池塘养殖场普遍存在养殖设施破败陈旧、池塘坍塌淤积严重、水质调控能力弱、受水污染影响大、鱼病暴发严重、药物用量大、用水量较大以及水资源大量浪费和养殖污染严重、养殖效益不高、食品安全不能保障等问题，严重影响了我国池塘养殖业的可持续发展。落后的池塘设施系统不能为集约化的健康养殖生产提供保障。渔业生产完全依赖人力传统养殖模式，靠天吃饭，劳动生产率低，作业环境艰苦，抗风险能力低，水产养殖业仅是当时解决温饱的一个重要手段。

二、水产养殖 2.0——设施化养殖时代

随着设施技术、渔业装备技术的发展，从 20 世纪 80 年代开始，我国水产养殖业进入了设施化养殖阶段，增氧机、投饵机、温室大棚等设施开始在水产养殖业得到广泛应用，养殖环境调控能力得到增强，通过增氧、调温等方式人为干预水产养殖环境，提高了生产效率，降低了养殖风险。

（一）设施化池塘养殖

池塘养殖设施以“进水渠 + 养殖池塘 + 排水沟”模式为代表，成矩形依地形而建，纳入自然之水，用完后排入大自然。一般池塘水深 1.5 ～ 2.0 米、面积 5 ～ 15 亩，设施系统构造简易，主要配套设备为增氧机、投饵机、水泵等简单机械装置。增氧机以叶轮式、水车式为代表，水车式增氧机通过桨叶高速击水，把空气搅入水中，达到增氧的目的，适用于水浅的池塘，不会搅动底泥，能保持池水清爽。叶轮式增氧机工作时叶轮旋转，搅拌水体，产生提水和推动水体混合的作用。投饵机多为定点抛洒式，可按预先设定，实现定时、定量投喂。淡水池塘以养殖鱼类为主，海水池塘以养殖虾类为主。

设施化池塘养殖主要特点如下。

（1）设施化程度低。设施简易，造价低，受灾害影响大，应用普遍。

（2）养殖品种有局限性。水温受地域气候影响，南方地区小型池塘有时用塑料大棚提高冬季水温。

（3）水质调控能力弱。主要依赖自然水质和池塘在光、藻、氧作用下的自净能力；增氧机是人工补氧，改善水质，并向高密度养殖对象供氧的唯一装置；投放生物制剂也是常用手段。

（4）用药量大。主要依靠药物防治病害。

（5）受水源污染影响大。污染水一旦进入养殖池会造成毁灭性损失；设置蓄水池越来越重要，许多时间处于不换水状态。

（6）用水量较大。养殖 1 吨鱼用水量为 10 ～ 15 立方米。

（7）排放无节制。排放水随即流入自然环境，淤泥沉积每年 10cm 左右，一次性清出。

（8）工厂化程度低。以自然经济为主，依赖地域环境，季节性生产，人工劳动为主。

（二）工厂化养殖

工厂化养殖从“设施大棚＋地下海水”起步，系统水平逐步提高，到20世纪80年代末，我国大多数的海水工厂化养鱼系统设施设备依然处于较低水平，只有一般的提水动力设备、充气泵、沉淀池、重力式无阀过滤池、养鱼车间和开放式流水管阀等，大部分以“源水预处理＋进水管渠＋砖混鱼池＋排水渠”的流水式为代表模式，主要用于鳗鱼、冷水性鱼类以及海水鲆、鲽类养殖。鳗鱼养殖系统的以山泉水和地下水进水加设施大棚模式为主，冷水鱼养殖系统采用山涧溪流、河道供水加露天砖混鱼池模式，鲆、鲽类养殖系统主要采用地下卤水加设施大棚模式，长流水或间断性进排水。

传统的工厂化流水养殖模式具有下述特点。

（1）由于缺乏排放水净化技术与设施装备工程，能实现物质循环再利用的较少，养殖过程中的残饵、粪便等排泄物直接排入海中，污染环境，造成近岸富营养化严重。

（2）用水量过大，浪费水源，生产1千克鱼需消耗200～300立方米的天然海水。

（3）由于受外界不确定性因素的影响，容易发生病害，死亡率较高，经济损失较大。

（4）养殖的鱼类因病施药，药物残留较严重，不符合食品安全的要求。这些弊端不仅仅是技术上的原因，更主要的是基础设施与设备建设相对落后，渔业发展受限于落后的养殖设施，生产效率低下。

（三）网箱养殖

我国海水鱼类网箱养殖始于20世纪80年代初，20世纪80年代基本上处于起步和技术积累阶段。进入20世纪90年代以来，随着多种鱼类人工繁殖、培育技术以及养成技术的日臻成熟，网箱养殖呈快速发展。由于装备技术落后，我国绝大多数海水网箱的规格采用（3～5）m×（3～5）m×（3～5）m的正方体或〔7.5m×3.5m×（3～5）m〕的长方体网箱，网具网目在0.2～5.0cm，养殖水体在9～125m^3。网箱框架通常为木质材料，结构简单，抗风浪和抗潮流能力差，只能设置于风浪相对平静的内湾或港湾，为传统型近岸小型网箱。养殖网箱过于集中分布在内湾 10m 等深线以内的现象在全国具有普遍性，而 10 ～ 50m 的浅海部分则几乎未被利用。海水网箱养鱼具有单位面积产量高、养殖周期短、饲料转化率高、养殖对象广、操作管理方便、劳动效率高、生产投入大、需要较高的技术水平、集约化程度高和经济效益显著等特点。我国海水网箱养殖自 20 世纪 80 年代以来发展极为迅速，已成为我国海水鱼类养殖的支柱产业。

三、水产养殖 3.0——开启自动化养殖新篇章

随着水质传感技术、纳米技术和生物处理技术的快速发展，进入 21 世纪以来，水产养殖向着精准化、自动化方向发展。在池塘养殖系统中，通过建立水质与气象实时监测系统，获取溶解氧、水温、盐度、氧化还原电位等物理及化学指标和光照、气温、气压等气象指标，实现养殖环境信息实时监测和养殖装备的自动控制。微孔纳米管增氧技术已在国内得到大量普及和应用，大幅提高增氧效率，降低增氧能耗。工厂化养殖系统的水质调控以同形物过滤、生物膜过滤、杀菌、增氧为目的，在陆基工厂养殖中，微滤机、生物流化床、蛋白分离器、紫外杀菌等技术得到应用，陆基工厂养殖模式从流水为主向全封闭循环水养殖转变。通过 20 多年来的实践，我国的浅海网箱养殖业取得了长足的进展，无论是网箱养殖面积还是养殖产量都名列世界前茅，但从产业的总体水平看，与国外先进水平相比，在诸如养殖技术与操作管理水平、鱼病防控能力、单位养殖面积产量、鱼类品质、养殖饲料与营养、水产品精深加工、养殖配套设施以及集约化、机械化和自动化程度等方面，均存在较大差距。

（一）工程化池塘精准养殖

工程化池塘精准养殖是指采用物联网技术、大数据技术、智能装备技术，实现池塘养殖过程信息实时获取、养殖过程精准控制、自动化操作，降低鱼类环境胁迫应激水平，为水生动物创造适宜、安全的生长环境，提高养殖效率、降低生产成本和劳动强度。

工程化池塘精准养殖通过生物检测技术、纳米技术、光学检测技术、机器视觉技术等方式，检测溶解氧、pH 等主要水质参数，鱼类生理生态行为识别信息，根据环境因子对生理生态行为的胁迫规律，自适应调控养

殖水体水质与相关控制措施。设计基于渔光互补技术的智能增氧系统，利用鱼塘水面或滩涂湿地，架设光伏、风电组件进行发电，形成“上可发电、下可养鱼”的创新发展模式。同时根据大数据物联网技术所获取的水质和环境信息，通过分析主要水质因子相互耦合作用机理，构建水质溶解氧预测预警模型，根据预测预警效果，动态控制增氧机的开启时间，在保持溶解氧稳定的同时实现节能降耗。

工程化池塘精准养殖针对传统投饵存在着投饲盲目、饵料浪费严重等难题，结合物联网技术、大数据技术、智能装备技术，对特定养殖品种在不同养殖阶段的营养需求进行精准化设计，探索环境因素、养殖密度、养殖对象摄食行为之间的关系，建立不同生长阶段的营养需求模型，设计高转化率的饲料配方，制定以生长阶段、环境水温、水质条件等为前提的投喂策略。在池塘养殖系统中，通过建立水质与气象实时监测系统，获取溶解氧、水温、盐度、氧化还原电位等物理化学指标和光照、气温、气压等气象指标，根据主养品种、养殖容量、养殖周期、池塘条件以及成功的养殖经验，运用计算机进行自我训练与分析运算，得出所在时刻的投喂量和频率，通过远程控制系统操控投饲装备。

工程化池塘精准养殖具有下述特点。

（1）设施化、机械化程度高。水质调控采用由动力装置、底泥提升装置和水面行走装置等部分组成，可以自动光控或者遥控使用。采用微孔管增氧技术，具有增氧效率高、活化水体、改善养殖环境、提高池塘增氧效率、使用成本低、机械噪声低等特点。

（2）配备具有智能增氧、精准投喂、预测预警、远程管理等功能的池塘养殖精准管控系统，实现精准养殖。

（3）养殖自动化程度高，由于采用物联网监控系统，能实现远程自动化操作，大幅降低劳动强度。

（4）养殖效益高，由于采用水质自动检测、微孔管增氧等技术，水体溶解氧含量保持在较高水平，养殖对象成活率、生长率提高，经济效益好。

（二）陆基工厂循环水精准养殖

工厂化养殖是集约化养殖理念的主要呈现形式，主要分为陆基和海基两种适度集约化养殖模式，其中陆基工厂化养殖又包括集约化流水养殖和循环水养殖（Recirculating Aquaculture Systems，RAS）。循环水养殖具有养殖设施设备先进、管理高效、养殖环境可控、养殖生产不受地域空间限制、养殖产量高、可保障产品质量安全以及社会效益、经济效益和生态效益良好等特点，被国际上公认为是现代海水养殖产业的主要发展方向。我国陆基工厂化水产养殖始于20世纪60年代的工厂化育苗研究，逐步扩大至以名特优海水鱼类育苗和养殖为主，发展至90年代初，陆基工厂化养殖才开始步入规模化的经营之路，营运水平逐年提升。

循环水养殖模式是水产养殖诸多模式中工业化程度最高的一种生产模式，它与流水型养殖模式相比，可节约用水量90%以上，节约用地面积高达99%，而且通过污水处理还可以实现节能减排、环境友好型生产，已是众望所归的养殖模式。随着世界性的水、土资源日益紧缺和环境污染的加重，西方发达国家早已普及循环水养殖。我国的循环水养殖虽然起步较晚，但就鲆、鲽类养殖而言，由于工厂化养殖在全国起步较早、基础较好，所以被认为是最有可能首先获得推广应用的养殖产业。海水循环系统的核心是水处理装备模块和链接技术，该技术的成熟度决定了整个系统的先进性、稳定性和经济性。我国海水循环系统在循环水处理的主要环节上，装备的种类基本齐全，技术总体上也已达到较高水平。传统的循环水处理工艺，即：鱼池（双排水）—筛滤—泡沫分离——级或多级生物净化—杀菌—纯氧增氧—鱼池。各单位的装备在配套、组装中各有不同。具体而言，就是在筛滤单元上是采用转鼓式微滤机还是弧形筛；在杀菌单元上是采用臭氧还是紫外线（也有将该项工艺前移至泡沫分离环节）；生物净化则更多地采用2～3级浸没式生物滤池，也有采用较为先进的流化沙床工艺；纯氧增氧既有采用传统溶氧池，也有采用简易纯氧微孔释放结合水泵叶轮混合，还有运用高效低压增氧方式等。

陆基工厂循环水精准养殖是指采用物联网技术、大数据技术、智能装备技术来实现陆基工厂化循环水养殖水质调控、水质净化、投饲智能化、自动化、精准化，提高水资源循环利用效率、节能降耗、降低劳动强度和养殖风险。陆基工厂循环水精准养殖采用物联网监控装备，通过收集和分析有关养殖水质和环境参数数据，如溶解氧（DO）、pH、温度（T）、总氨氮量、水位、流速、光照周期等，按照养殖水质的控制要求，运用生态工程学原理进行系统配置，运用信息化、智能化控制系统，对水质和养殖环境进行有效的实时监控，控制系统循环率，从而实现经济的节水与高效的养殖效果。根据进水量、水位等的变化通过 PLC 来调节微滤机转鼓转速、反冲洗频率，结合微滤机进水和出水水质的变化参数，优化微滤机控制模型、降低微滤机能耗及提高水质净化效率。

陆基工厂循环水精准养殖根据对养殖动物生理习性、摄食规律及营养需求分析，提供与其自然生存环境类似的摄食和投喂条件，研发出符合其营养需求的生态环保饲料，参考养殖动物摄食节律（如光照、摄食时间等）加以投喂，保证养殖动物主动充分摄食，以减少饲料浪费。为了探索养殖动物最适宜投喂模式，相关人员以养殖动物最适宜生长和降低 nh_4–N、no_2–N 排放量为目的，以鱼类群体性摄食行为为对象，分析鱼类在摄食不同阶段行为特点，结合机器视觉等技术、养殖对象生长模型和能量转化模型来进行基础研究，结合养殖投喂经验模型，研究适宜投喂量，筛选不同投喂次数，投喂时间间隔等，并对其进行系统综合和优化组合。

陆基工厂循环水精准养殖具有下述特征。

（1）养殖废水循环利用率大幅提高。由于采用循环水处理工艺和技术，提高了养殖废水处理效率，养殖废水循环量高达 95% 以上，实现了资源循环利用。

（2）环境调控水平高。采用物联网监控技术，实现了养殖水体溶解氧、温度等自动调控，提高了资源利用效率。

养殖密度高、风险低。由于实现精准饲喂、自动环境调控，大幅降低残饵排放，提高了养殖对象环境适应性，养殖效益好。

（三）网箱精准自动化养殖

网箱养殖是高投入、高产出、高效益的水产集约化设施养殖方式之一。网箱是指设置在相对较深海域，养殖容量较大，具有较强的抗风浪、抗流性能的海上养殖设施。该养殖方式在拓展养殖海域、减轻沿岸环境压力、提高养殖鱼的质量、增加养殖效益等方面已显示出明显优势。自 20 世纪 80 年代中期以来在全世界范围内发展迅速，特别是在挪威、美国、日本、英国、澳大利亚等国家，网箱养殖已从离岸管理转向陆基管理或海洋平台管理及自动控制系统管理，大大提高了生产效率和产品质量，养殖设施也由简单的 HDPE（高密度乙烯）圆柱形深水网箱发展到铰链海上浮式养殖“池塘”，进一步提高了海洋利用率，建立了海洋牧场的基础。网箱精准养殖设施化程度高，集成材料、机械、电子、苗种、饲料、环境等诸多方面，通过大数据、物联网、信息化、人工智能、智能装备等技术实现深水网箱远程自动管理。

智能化监控是智慧深水网箱的根本特征，通过遍布海洋及其陆域配套设施各处的传感器和智能设备组成“物联网”，综合利用RFID（射频识别）、传感器、二维码技术，及其他感知设备对深水网箱各参与元素进行标识，随时随地对其进行信息采集，对深水网箱运行的核心参数进行测量、监控和分析，以此实现对深水网箱的全面感知。当代计算机大数据挖掘技术的诞生和逐步成熟为智能化提供了技术支撑。依托于数字化积累下的深水网箱历史运营数据，通过科学的算法建模，可以为深水网箱运转状态提供更科学有效的评估标准，甚至对下一步的运转状态进行预判，从而帮助经营者更好地控制成本投入、规避风险损失、提高养殖产品质量。

自动化精准饲喂是网箱精准养殖的特色。由于网箱养殖的离岸特征，人工饲喂成本高、风险大，大部分网箱均采用精准投饵系统。网箱养殖精准投饵系统大多以海上平台为基础，配备的大型饲料桶仓漂浮在海面上，可以为远离陆地的多个大型网箱进行投饵。投饵系统完全由计算机控制，系统配备GPS定位系统、远程遥控系统、现场水域环境和气象条件监测系统、反馈自动控制系统。根据温度、潮流、溶氧、饲料传感器（水中饲料余量）、摄像机系统（鱼类行为）和饲料状态等信息进行智能决策、自动投喂，根据温度、溶氧和机器视觉采集鱼的行为特征信息判断鱼的食欲，根据潮流及安装在养殖容器下方的红外、多普勒传感系统监测沉降到残饵收集装置中的残余饲料颗粒数量，变量调控投喂量、投喂速度、投饵机抛撒半径等参数，提高饵料利用率。

网箱精准养殖具有投资大、风险大、自动化程度高的特点，网箱鱼类养殖涉及海洋工程、材料科学、海洋生物与生态工程、海洋环境保护、海水鱼类养殖技术与操作管理技术、病害防治、饲料营养等多学科，是一项复杂的系统工程。作为一项新兴产业，从深水网箱制造、海区安置、苗种繁育、大规格鱼种培育、成鱼养殖、饲料营养及设施配套方面均需要突破其关键技术，形成网箱养殖产业链，实行规模化、集约化、产业化的生产经营，才能有效发挥网箱养殖业的优势。

第二节　智能水产养殖

经过近30年发展，我国水产养殖业从以体力为主转向以机械化、设施化为主；养殖管理决策由以经验为主转向以科学决策为主；以数字为核心的预测和决策技术将成为主要手段，养殖操作从人力为主转变为自动化、智能化操作。随着信息技术、装备技术的发展，未来水产养殖业发展的核心是以智能装备为支撑，以大数据人工智能为基础，以多层次、生态化养殖为主线，不断提升生产效率，降低生产损耗，调结构、转方式，促进产业转型升级。

一、智能生态养殖是池塘养殖未来发展之路

随着养殖产量的不断提高、养殖密度的不断增大，养殖池塘环境不断恶化，近年来，综合种养模式越来越受到广泛关注。多营养层次综合养殖（IMTA）是西方学者十分推崇的综合养殖模式，也是综合养殖的一种重要类型，其主要原理就是将一种养殖生物排出的废物变为另一种养殖生物的食物（营养）。中国早在1 100年前开始的稻田养草鱼，就是通过水稻和草鱼间的营养关系实现养殖废物资源化利用的范例。草鱼食杂草，减少了杂草与水稻的营养竞争，鱼的粪便又对水稻起到了施肥作用。中国传统的草鱼与鲢鱼混养也具有这样的功能，以草喂草鱼，草鱼残饵和粪便肥水养鲢鱼。目前流行的许多养殖模式，如滤食性鱼类与吃食性鱼类混养、鱼与鸭混养、鱼与畜混养、鱼与菜混养、海带与扇贝和海参混养、海带与海参和鲍鱼混养等综合养殖等基本都是依据此原理。尽管上述这些综合养殖类型多样，但它们的基本原理相同，即通过不同营养生态位生物间的组合，使进入养殖系统的（营养）物质得到多次或反复利用，从而使系统内能量和物质的利用效率得到提高。未来水产养殖业将从单一品种向多品种、综合品种养殖转变，由简单粗放向集约化（设施化、精准化、智能化）转变；由高耗能向生态化、绿色化、有机化转变。

随着纳米传感技术、生物传感技术、微机械加工工艺等不断进步，水产养殖信息检测技术精度不断提高、成本大幅降低，使得规模化应用成为可能。同时，检测领域从单纯的水质参数检测扩展到养殖对象生理生态检测等领域，为水产养殖精准化提供了可靠的信息支撑。

随着计算机技术、电子信息技术的发展，自动巡塘机器人、自动清淤机器人、自动分鱼器等技术将会被广泛应用于池塘养殖及其他劳动强度大、条件恶劣的环境，部分或全部取代人力，实现智能化、自动化作业。

二、智能化陆基工厂养殖

随着信息技术、渔业装备技术、水产养殖技术的快速发展，未来陆基工厂养殖将在系统选址优化设计、水质净化处理，自动作业等方面取得突破，实现智能化、自动化作业，精准化决策。

通过大数据分析，在选址设计时考虑地域、气候、生产条件等差异，从而因地制宜构建一个具有当地特色的封闭循环水养殖模式。运用工程学和经济学的方法，通过经济性分析，以寻找最佳的生产负荷和养殖规模，建立系统的数学模型。

开展高密度养殖、营养调控、投喂策略、养殖污水资源化利用、新能源技术整合应用，循环水技术（如反硝化反应器、污泥浓缩技术和臭氧处理技术）等优化，使得循环水养殖用水量、污水排放和能耗都进一步得到降低。

通过生物信息检测技术，研究高密度养殖条件下，高密度胁迫作用对动物机体产生一系列生理变化，研究养殖对象在高密度环境下的适应机制，掌握养殖和育苗生产中的适当放养密度，实现福利养殖。

自动饲喂机器人等装备未来将替代人工操作的传统投饵机等装备，实现自动化作业，同时根据实时抓取、观察、分析养殖水池的视频影像，则可在远程估算鱼类的体长、体重及活动状况。鱼类活动的分类（自然状态、摄食、交配、产卵或因压迫造成暴躁）与活动的量化，估算鱼体大小（体长、体重）可看到鱼类每天的生长情况，实现精准饲喂。

三、智能网箱养殖

由于网箱养殖具有养殖风险大、易受环境因素制约等问题，随着人工智能技术、大数据技术的快速发展，在渔业4.0时代，借助于信息技术，在网箱养殖选址设计、养殖过程自动化操作、精准化决策、收获过程自动化捕获等方面取得突破，实现智能化、自动化。

在网箱养殖前期，利用大数据技术实现在产前根据当地气候信息、海洋环境信息、市场价格信息、资源供应信息等历史数据优化网箱养殖场选址规划、养殖场设计建造流程，根据市场预警分析科学决策养殖鱼的种类、规模，有效避免由于市场环境波动、台风等自然灾害对网箱养殖的危害。在养殖过程中，借助于物联网监控技术实现网箱养殖过程环境实时监测，通过大数据分析，根据海洋环境信息和鱼类行为特征等信息，确定合适的养殖密度、合适的饲喂频率及饲喂量，实现精准饲喂。采用水下机器人实现网箱自动清洗、死鱼自动收集、残饵自动收集，采用机器视觉结合吸鱼泵实现成鱼自动分拣。产后全程信息可溯源。为渔需物资供应商、渔业装备制造商、水产养殖企业、水产流通企业打造全链条信息化交互平台，优化资源配置，降低由于信息不对称所造成的资源浪费，提高生产效率。

第九章　智能农业市场

市场最初是被看作商品交换的场所，随着社会分工的日益深化，市场的含义发生了根本性的变化，市场成为由供给方、需求方、交易设施等硬件要素和交易的结算、评估、信息服务等软件要素构成的商务活动平台。农业市场是指采用特定的办法来组织农业的生产和经营。农业市场 1.0 时期主要特点是以地摊式集贸市场为主要交易场所；到了农业市场 2.0 时期，批发市场作为中间商成了农产品的主要交易平台；在农业市场 3.0 时期，农村电子商务异军突起，占据农业市场主流；农业市场进入 4.0 时期后，农资经营、农产品电商全面“e”化，农业生产资料、农产品的流通、销售等环节全面实现组织化、规模化、专业化；整个市场环节实现网络化、信息化、智能化。伴随着农业市场 4.0 的全面实现，新型农民将拥有一个庞大、全面而丰富的市场网络为其提供全方位的市场服务。

第一节　地摊式集贸市场

一、地摊式集贸市场成为农业市场主场所

集贸市场是指由市场经营管理者经营管理，在一定时间间隔，一定地点，周边城乡居民聚集进行农副产品、日用消费品等现货商品交易的固定场所。集贸市场是社会主义大市场的重要组成部分，是我国商品流通的一种形式，它在社会经济生活中占有重要的地位。改革开放以来，作为社会主义市场经济摇篮的集市贸易，先后出现了两次发展高潮，成为我国商品流通中不可缺少的重要渠道。改革开放后，我国农村集贸市场发展迅速，日益繁荣。农村集贸市场在衔接产需、引导消费、解决就业、增加税收、促进市场经济发展和推动社会文明进步等方面发挥着极大的作用。

中国的集贸市场有着悠久的历史渊源。“看那集上，人烟稠密，店面虽不多，两边摆地摊，售卖农家器具及乡下日用物件的，不一而足”，这种场景自古以来就是我国农业市场的缩影，也是现代农业市场的雏形，早在母系氏族时期，出现了“刀耕火种”的原始农业和畜牧业，生产物品已有剩余，为物物交换的产生提供了物质条件。随着氏族公社的发展，农业与畜牧业出现分工，剩余物品增加，由偶然性的临时交换逐步向经常性的交换发展。但是作为物物交换和简单商品交换的场所，尚不是真正商业性质的集贸市场。后来经过规范后，地摊一般有合法缴费的地摊和路边摊之分，并且长时间成为农资交易和农产品交易的主要形式，是一种传统的货品交易方式。

二、地摊式集贸市场逐渐走向农业市场配角

农村集贸市场具有“大”“散”“杂”“小’的特点。在农村集贸市场中从事交易的既有个体工商户、企业，也有企业的分支机构，有自产自销农产品、不需办照的农民，也有应该办理证照而未办证照的经营者，市场

主体呈现出多样性和复杂性。因为农民购买商品多集中在赶集天，人多拥挤，市场的表面规模较“大”；从经营场所看，有利用民房开设的店面，有在屋檐底下摆设的摊点，也有在路边铺起的地摊，市场的经营较“散”；从经营的商品来看，不少经营者销售的商品中既有日用百货，又有副食，甚至还兼营农资商品，销售的商品较“杂”；受经济实力影响，多数经营者的经营规模很“小”。

农村集贸市场商品质量良莠不齐。目前农村集贸市场销售的产品普遍存在质量低劣的问题。就农副产品来说，近些年由于很多农户为了减少生产风险，与农产品加工企业、农副产品外贸出口部门及其他农业合作组织签订了供销合同，够规格、质量好的产品被收走，剩下规格和质量较差的产品进入了农村集贸市场。就工业品来说，城市不好卖的、城市卖不掉的或卖剩下的商品大量流入农村集贸市场，“三无”产品在农村集贸市场占有很大比例。就农药、化肥、种子等农贸产品来说，假冒伪劣也很普遍。注水肉、变质食品、农药高残留果蔬等充斥农村集贸市场。至于农产品质量等级化、包装规格化，更是无从谈起。有的不法商户居然将“洋垃圾”摆在了农村集贸市场上。一些农贸市场成了“假冒伪劣产品集散地”，严重侵害了消费者的合法权益。

农村集贸市场中无照经营和超范围经营现象比较突出。无照经营现象是市场经济的顽疾，部分合法经营者对此意见很大，部分消费者也很反对，一直是困扰工商部门的难题，农村集贸市场表现尤为突出。其原因一方面是由于经营者素质普遍较低、守法意识较差、主动办照意识不强，通常是先经营，直到工商部门巡查到，才不得已而办照；另一方面，一些特殊行业的前置许可手续办理程序比较复杂，如餐饮、药品行业，经营者主观上想办理营业执照，但由于不能提供完备的前置审批手续，工商部门便不能准予其进入市场，经营者受利益驱使，擅自无证、无照经营；同时，无照经营的查处难度也较大，虽然国务院给予了工商部门《无照经营查处取缔办法》这把尚方宝剑，但在具体执行中却阻力重重，比如在面对一些经营规模小、效益差，特别是一些老弱贫困人员的无照经营以及超范围经营个体户，要实施查处取缔，确实让基层执法人员很为难。

农村集贸市场规划和交易秩序较乱。农村集贸市场是自发性市场，每逢赶集时，往往造成交通堵塞，拥挤不堪。由于缺乏必要的规划，也是既有五金建材，又有日杂副食，其专业化水平很低．不利于提升市场档次，阻碍了市场向专业化、规模化方向发展。

农村集贸市场卫生状况较差。集贸市场由于三体资格不明，清洁卫生的管理成了老大难问题，各乡（镇）政府通常是委托村（居）民委员会代管，由于卫生经费、管理体制等原因，很难管理到位，于是农贸市场成了“脏、乱、差”的集中地。

第二节　批发市场

一、批发市场作为中间商业组织成为交易平台

从20世纪80年代开始，由计划经济体制下国家统购、统销的流通体系经过政策的引导逐步演变形成我国现有农产品批发市场流通体系。我国农产品批发市场是随着农产品流通体制改革而出现和发展的。农产品批发市场作为农产品流通的主渠道，发挥着集散商品、形成价格、传递信息等功能。它的兴起和发展，对加快农产品流通市场化，提高农民收入，满足消费者多样化与周年化的需求，提高流通效率等都发挥着重大作用。近年来，经济快速发展，农产品市场日益国际化，农产品流通的环境与基础条件发生了变化，把握农产品批发市场的功能、结构变化状况及其发展趋势，对于改革的进一步推进、新时期的新农村建设、农业产业结构提升和农民收入持续稳定增加以及消费者福利等都具有重要意义。

农产品批发市场是一种专门从事批发贸易而处于生产者和生产者之间、生产者和零售商之间的中间商。自从出现了以货币为媒介的商品交换以后，随着商品生产的发展，商品购销量逐渐增大，流通范围不断扩展，生产者和生产者之间、生产者和零售商之间常常难以进行直接的商品交换，或者有中间商来作为媒介对他们更为有利，由此而产生了专门向生产者直接购进商品，然后再转卖给其他生产者或零售商的批发商。批发商的产生，使商业部门内部有了批发、零售市场之间的分工，有了一种生产者不与消费者直接发生关系的商业形式。

二、批发市场为电子商务时代的到来奠定了基础

农产品批发市场成为我国农产品流通的主流渠道、主要业态，是以粮油、畜禽肉、禽蛋、水产、蔬菜、水果、茶叶、香辛料、花卉、棉花、天然橡胶等农产品及其加工品为交易对象，为买卖双方提供长期、固定、公

开的批发交易设施设备，并具备商品集散、信息公示、结算、价格形成等服务功能的交易场所。

按交易商品的种类范围，农产品批发市场可分为综合型批发市场和专业型批发市场两种。综合型批发市场日常交易的农产品在二大类以上，如北京新发地农副产品批发市场日常交易的品种有蔬菜、水果、肉类、水产品、调味品等。专业型批发市场日常交易的农产品在两类以下（含两类），如粮油批发市场、果菜批发市场、副食品批发市场等，还有只交易一个品类的如蔬菜批发市场、水产批发市场、水果批发市场、花卉批发市场、调味品批发市场、食用菌批发市场、中草药材批发市场、活禽批发市场、活畜批发市场、观赏鱼批发市场、禽蛋批发市场、种子批发市场等。

按农产品市场的城乡区位分布，农产品批发市场可分为产地农产品批发市场、销地农产品批发市场和集散地农产品批发市场三种类型。产地农产品批发市场是建在靠近农产品产地，以一种或多种农产品为交易对象的批发市场。销地农产品批发市场是建在城市近郊甚至市区，以多种农产品为交易对象的批发市场。集散地农产品批发市场是建在农产品产地和销地之间的便于农产品集散的地方，以一种或多种农产品为交易对象的批发市场。

按农产品批发环节关系，农产品批发市场分为一级批发市场、二级批发市场和三级批发市场。一级批发市场是直接从产地收购农产品、向中间批发商或代理商销售的批发市场；二级批发市场，其批发商从一级批发市场采购农产品，再销给中间商或零售商；三级批发市场，其批发商从二级批发市场采购农产品，再销给零售商，这类批发市场多从事进口农产品批发。

自 2000 年以来，我国商贸批发市场进入规划、整合、升级与改造阶段，这一时期，多数的商贸批发市场开始重整规划，按照不同门类和功能重新规划市场，并伴随着硬件设施的升级与改造。一方面，一批交易规模大、辐射能力强的现代化大型商贸批发市场逐渐形成，促进了我国商贸批发市场的规范化、法制化发展。如山东寿光蔬菜批发市场，其辐射范围达全国 20 多个省市，是全国最大的蔬菜批发集散地、价格形成中心和信息枢纽。另一方面，许多中小型的传统批发市场陷入经营困境，并寻找转型机遇。伴随着消费者不断增强的品牌意识，许多品牌商开始自建渠道、自开网点或者直接与大型零售商合作。传统商贸批发市场失去了一批强有力的品牌支持，市场逐步萎缩、功能逐步弱化，它们或者被现代化大型流通组织所取代，或者通过转型升级获得新的发展空间。

从农产品供给角度看，我国幅员辽阔，地区自然条件差异大，农产品生产具有分散化、小规模特征，批发市场能够有效地将小生产与大市场对接；从农产品需求角度看，消费者对农产品的需求是多品种的，偏好是多样性的，对生鲜度要求也很高，批发市场已经被证明是解决此问题的重要途径；从宏观经济角度看，农产品批发市场已经在我国农业产业化和城市“菜篮子”工程中承担了重要角色；从农产品批发市场自身看，市场管理水平不断提高、交易方式不断创新、物流配送等配套设施平台不断完善。尽管在单品种上，不能排除大型综合超市通过第三方物流向生产基地直接采购农产品的可能，但是从总体来看，大型综合超市直接从产地进行多品种采购具有很大的局限性，而从中心批发市场采购生鲜农产品仍将是未来相当长一段时期内的主流趋势。

进入21世纪以来，以物流配送、连锁经营和电子商务为标志的现代流通组织形式与经营方式日渐兴起，且呈现快速发展的趋势，对传统农产品批发市场造成了冲击。与此同时，我国农产品市场的全面放开也对目前仍占据流通主导地位的传统农产品批发市场提出了更高的要求。目前，我国多数农产品批发市场基础设施差，装备水平低，经营秩序不规范，服务功能不健全，经营模式传统、粗放的问题仍十分突出。

第三节　农村电子商务

一、农村电子商务走向时代舞台

农村电子商务，通过网络平台嫁接各种服务于农村的资源，拓展农村信息服务业务、服务领域，使之兼而成为遍布县、镇、村的三农信息服务站。作为农村电子商务平台的实体终端直接扎根于农村，服务于三农，真正使农民成为平台的最大受益者。2015 年 10 月 14 日国务院总理李克强主持召开国务院常务会议，决定完善农村及偏远地区宽带电信普遍服务补偿机制，缩小城乡数字鸿沟；部署加快发展农村电商，通过壮大新业态促消费、惠民生；确定促进快递业发展的措施，培育现代服务业新增长点。

在互联网广泛普及和迅猛发展的环境下，随着网购的日益成熟，电子商务对传统的市场行业产生了很大的冲击。农村电子商务平台配合密集的乡村连锁网点，以数字化、信息化的手段、通过集约化管理、市场化运作、成体系地跨区域跨行业联合，构筑紧凑而有序的商业联合体，降低农村商业成本，扩大农村商业领域，使农民成为平台的最大获利者，使商家获得新的利润增长点。

二、农村电子商务异军突起

电子商务平台整体上在拉动农村网络的消费市场。第一，农村电子商务平台有它先天的优势，就是价格的优势。价格的优势是通过网络的方式，使得中间的环节挤出，信息的匹配更好，带来了更低的成本和价值。第二，商品的丰富性，就是数以亿计淘宝的商品使农村跟北京、上海、深圳、广州这些一线城市的消费环境趋同，一个村民跟一个市民是同等的，他同样都可以买到这样的产品，只是说他的物流时间会比别人多一两天甚至三四天。第三，网购一般是快递送货上门，省去开车到超市买产品的路径。这些带来的便利性会使农民更依赖网购。淘宝也好，当当也好，都在推广这个市场，所以这些都是构成下一步促进整个农村网购消费市场的一个巨大的驱动力。

1. 田田圈：农资生产企业的转型代表

农资生产企业转型做电商的并不少，其中具有代表性的是田田圈。不同于常规电商通过网上直销、低价抢购等方式，田田圈直接跳过传统渠道来抢占市场的做法，和县级经销商共同出资成立县域综合服务中心，加盟的零售商则变身为田田圈农业服务中心的员工。从过去的厂商到经销商，再到零售店，最后到农民的四级体系，变为现在的从厂商、经销商、零售店联盟直接到农民的扁平化结构。

2. 一亩田：舆论风口浪尖的 B2B 电商平台

一亩田成立于 2011 年，是一个农产品大宗交易的 B2B 平台。创立以来，一亩田一直默默无闻，直到一篇关于“一亩田经过 4 年发展，员工数达到 3 000 人，每日帮助农民实现交易额 3 亿元”的农村电商报道被大量转载并引起广泛质疑后，一亩田的名字才真正为人所知。

之前，买卖双方发生交易主要是通过很多中间人和经纪人来完成，很多时候甚至连中间人也找不到货。一亩田的出现消除了所有人的信息不对称，让中间人和经纪人也成为受益方，因为中国大部分农业生产都是散户，需要经纪人去做工作，才能实现大宗交易。尤其在多对多的交易中，一亩田通过系统的算法，包括价格、品质、规格、距离、天气和信誉等级等，实现双方交易的精准匹配，从而让农业交易的所有环节变得更加高效。

3. 农商 1 号：高举高打的资源整合型选手

由中国农业产业发展基金和现代种业发展基金有限公司联合东方资产管理有限公司、北京京粮鑫牛润瀛股权投资基金、江苏谷丰农业投资基金及金正大集团筹建的农商 1 号正式上线，一期投资高达 20 亿元，是目前国内投资最多的农资电商平台。

农商 1 号平台并非完全开放，只有国内外冠军品牌方可入驻，目前上线的有金正大、中化、中种、晋煤、瓮福、鲁西、冠丰种业和以色列瑞沃乐斯、美国硼砂等国内外知名农资企业，上线商品均由保险公司承保。通过互联网整合农技专家资源，专家可对农民进行面对面、点对点的指导。遇到种植难题，还会有地面人员直接上门服务。

农商1号线下体系由区域中心—县级运营中心—村级服务站组成。区域中心负责运营、仓储、管理等，县级运营中心负责配送和农技服务等，村级服务站是农民与电商之间的纽带，还提供代购、信息咨询等便民服务。

4. 京东农资：电商平台巨头的重仓入局

相比于淘宝农资的“千县万村”计划，京东近期上线了一个全新的农资频道，重点聚焦在“县级服务中心”的建设。京东的县级服务中心可为客户提供代下单、配送、展示等服务，并管理该区域所有乡镇的合作点。据京东农资电商部总监范天阳介绍，京东计划将从种子、化肥、农药开始，逐步将电商业务拓展至农机农具、农技服务、农村金融等领域。京东还将利用自身的供应链体系，为所有农资产品提供可追溯体系，以及配套物流解决方案和农技售后等打包服务。农民均可以在京东乡村推广员手把手帮助下，选购到低价的正品农资产品，享受京东送货上门、货到付款甚至分期付款的增值服务。

京东还将与农资公司、经销商合作，推行农资白条，打造“农户—农资龙头企业—京东”的产业链闭环。

我国电子商务的快速发展，使传统农产品物流行业不得不改变原有的经营模式，许多农产品企业也开始走电子商务的道路。农产品本身具有周期性，加上品种类别较多且复杂，标准不统一，如绿色农产品、无公害农产品、有机农产品、中国地理标志产品（“三品一标”）农产品难以确定，所以要做好农产品的供应链管理。流通环节过多、流通成本居高不下是我国农产品产销过程中的一大顽疾。事实上，农产品流通的问题，主要还是由我国农业经营的特点导致的，即我国小规模的农业生产与消费市场对接存在难度。目前许多农产品电子商务平台模式尚未达到盈亏平衡，这也是农产品在网络平台销售的难处。目前我国农产品电子商务平台无论大小，一律建设网站，并称之为电子商务交易平台。一般认为，能够称为农产品电商平台的网站，最起码在农产品生产、供应、销售等各个环节都能覆盖，并且能够包括信息、交易、结算、物流等全程电商服务。另外，目前大多数农产品电商平台还存在注重信息的表达，缺少电子商务相关的配套服务；忽视农产品的区域化，完全行政化的划分方式不利于产品流通；轻视农产品网络渠道的拓展以及相关服务的持续提供。

第四节　智能农产品

“互联网 +”农业催生了农产品电子商务热潮，“互联网 +”农村产生了淘宝村奇迹，“互联网 +”农民则推动了农民网购热。在互联网赋能三农的过程中，催生了一个充满朝气和活力的新群体——新农人。新农人是指具有科学文化素质、掌握现代农业生产技能、具备一定经营管理能力，以农业生产、经营或服务作为主要职业，以农业收入作为主要生活来源，居住在农村或城市的农业从业人员。中国新农人的规模已达百万级，新农人是互联网赋能三农的必然产物，是农民群体中先进生产力的代表。相关报道分析了未来新农人发展的趋势，认为云计算 + 大数据成为新农人发展的根基，而互联网平台为新农人创新创业提供了最重要的信息基础设施。新农人在改变农业生产和流通模式、拉动农民创业就业、保障食品安全、推动生态环境保护、建立新型互联网品牌等方面将扮演更为重要的角色。

电子商务同时推动了农产品的物流问题，物联网技术已经应用于现代农产品物流作业中的各种感知与操作，目前在农产品物流业应用较多的感知手段主要是 RFID 和 GPS 技术，今后随着三网融合 + 物联网技术发展，手机养鸡、手机种菜、手机卖菜、手机管理、手机购物将成为一种时尚，智能农产品种养、智能农产品交易、智能农产品市场、智能农产品支付、智能农产品通关、智能农产品物流、智能农产品仓配一体化、智能快递将成为时尚。随着三网融合 + 物联网，移动商务在新一代电商将发挥越来越大的作用，微博、微信、微店“三微”营销，促进农产品电商进入一个精准营销新阶段。

农产品物流电子商务项目的操作模式实质上是整合已有的资源优势，联合上游农产品生产企业打造自主农产品品牌，以优质低价的农药、化肥、饲料等农产品为主打产品，以产品及物流仓储的成本价为产品最终的零售指导价，跳过层层代理和批发商，以农产品服务网络体系人员为主进行产品的田间推广，以自有电商渠道以及合作电商渠道为线上资源，拉动农产品线上需求，让农业生产者得到价廉物美的农业生产资料。积极汲取以阿里巴巴为首的电子商务经营模式成功经验，为农产品电子商务的发展提供科学有效的服务指导，并结合农产品自身的特殊性，开发有自身农产品特色的商务交易平台。

第十章　智能休闲农业旅游

农业旅游也被称作观光农业、旅游农业或乡村旅游。农业旅游是结合农业与旅游业，以农、林、牧、副、渔等广泛的农业资源为基础开发旅游产品，提供特色服务，同时利用农业景观和农村空间吸引游客前来参观的一种新型农业经营形态。农业旅游经营方式和经营主体的不断转变，极大改变了传统农村的面貌，农业用地、农家屋舍已经不再是简单承载农业生产和农民生活的载体，而是随着农业旅游产业的深化融合餐饮、住宿、生产、休闲等商业功能的复合型农业载体。以民俗风情旅游、现代农业园区为主的农业旅游助推了传统农业的转型升级，成为增加农民收入、增加农业文化内涵、美化农村生态环境、促进农村地区社会与经济的协调、推动城乡融合、实现农业可持续发展不可或缺的组成部分。农业旅游经历了由“1.0”到“3.0”的发展阶段，并逐渐向4.0时代过渡。农业旅游 1.0 是最早的农业旅游形态，以旅游者在传统乡村了解民俗和学习体验乡村生活的简单活动为主；农业旅游 2.0 进入农家乐时代，开始商业化经营，成为农民收入增加的重要来源；农业旅游 3.0 是农家乐与农村民俗与互联网时代的结合，农业旅游资源通过网络进行传播；农业旅游 4.0 是农业资源与虚拟现实、人工智能等技术的结合，可以实现更加全方位的旅游体验，以智能体验和养生、养老、科普为主。

第一节　农业旅游的早期形态

20世纪60年代初，有些西班牙农场把自家房屋改造装修为旅馆，接待来自城市的旅游者前来观光度假，被认为是农业旅游的起源。我国的农业旅游，相对一些发达国家来说，起步要晚得多。萌芽于20世纪50年代，直到20世纪80年代才有了一定的发展。农业旅游1.0时期主要以旅游者在传统乡村了解民俗和学习体验乡村生活的简单活动为主，这是我国农业旅游的早期形态。

我国地域辽阔，不同地方有不同特色，各种具有特色的民俗文化及民族风情、异地风情，对游客了解社会具有很大的吸引力。有特色的乡村民俗风情吸引游客参观，作为民俗风情旅游区所在的当地政府、旅游开发商与经营商和农民一起开始打造民宿，接待游客，便带动了这个区域的农业旅游。

一些典型的山区乡村，依托村内资源，本着挖掘历史文化、丰富乡村文化、融入旅游文化的思路，对资源进行了合理的整合，修建了仿古项目，发展农业旅游村、万亩果品基地。如北京市延庆区柳沟村在传统美食火盆锅的基础上，开发豆腐新产品，做出美容养颜的黄豆豆腐、滋补养肾的黑豆豆腐、清热祛火的绿豆豆腐，创出“凤凰城—火盆锅—农家三色豆腐宴”的特色旅游。

居住在城市里的人想真正体验农村人民的生活，这时候便出现了一些旅行社，利用假期组织城市游客到农村和农民共同生活、学习耕地种田和采摘瓜果，体验耕种和收获。游客能欣赏山水风景，品尝亲手采摘的瓜果，体验清新宁静的农村生活，享受农业旅游之乐。这种传统观光型农业旅游，主要以不为都市人所熟悉的农业生产过程为卖点，在城市近郊或风景区附近开辟特色果园、菜园、茶园、花圃等，让游客入园摘果、拔菜、赏花、采茶，享尽田园乐趣。

农业1.0时期多数农业旅游经营者只追求经济效益，而忽略社会效益和生态效益。他们在修建旅游设施时乱砍滥伐，普遍缺乏对自然环境、原生态文化和可持续发展方面的特殊考虑，造成当地自然环境、社会文化的破坏和资源的闲置与浪费。在很多生态农业旅游景区，由于游客的大量涌入，外来的一些文化对当地的地域民俗文化特色造成了一些破坏。这些都违背了生态农业旅游的可持续发展，有悖于建设“美丽中国”的思想方针。

早期农业旅游的旅游方式单一，景区人工化倾向严重。游客旅游的方式单一，主要是以参观游览为主，缺少特色和多样性。旅游商品不但品种单调、缺乏新意并且更新也慢，没有突出优势的拳头产品，而且大多都是一些未经加工或简单加工的初级农产品，缺乏地方文化特色和生态农业特色。在一些开发项目中生态果园、林地、垂钓较为普遍，而生态养殖场、租赁果园、开心农场、个性化菜地开发却相对较少，难以满足游客多种的旅游需要；其次是景区人工化倾向严重，生态农业旅游的基础是农业体系内部功能的良性循环和生态合理性，但目前多数经营开发者认识不清，片面追求短期效益，大搞建设，在一些风景优美的农业区，大兴土木，城市化、人工化痕迹明显，这与生态旅游及可持续发展背道而驰。

很多生态农业旅游区是在原有的农业基础上自主开发形成的，经营管理者往往都是文化层次不高的农民，他们缺乏科学的管理理论基础，缺乏培训，缺乏先进的管理经验，这些常常会造成管理混乱、宰客、欺诈等影响当地旅游形象的不文明现象的出现，很难把旅游项目做强做大。

第二节　以农家乐为主的乡村休闲

我国农业旅游经营由最初分散的一家一户农家乐，陆续出现了“民俗游”“村寨游”“农庄游”“渔家乐”“洋家乐”“乡村俱乐部”“乡村度假社区”等多种业态，相继经历了以民俗村、古镇等为代表的乡村旅游和乡村度假等阶段。在传统农村休闲游和农业体验游的基础上的“农家乐”农业旅游，拓展开发了会务度假、休闲娱乐等项目的新兴旅游方式，可以说农业旅游 2.0 是以农家乐为主的乡村休闲。

农家乐是休闲农业中最广泛的模式，是以农家为卖点，即该区域农民的生活现状、生活方法和习俗为吸引物，满足城市居民返璞归真，回归天然需求的一种农业休闲模式。以农家乐为基础的旅游地产开发可以称之为农家乐升级版，它联络村庄旅游与旅游地产，使旅游经济和地产经济相融合，完善村庄旅游仰仗旅游地产，旅游地产依托村庄旅游品牌价值。农家乐开发的新潮流是以“富民农家乐、全产业农家乐、创意农家乐、文化农家乐、智慧农家乐”为产业提升方向，打造农家乐休闲旅游升级版，如养生山庄、休闲农庄、旅游赏识示范园、村庄酒店、采摘果园、生态渔村、山水人家等。

农家乐主要运营方式有农家园林型、花果观赏型、景区旅舍型及花园客栈型，其最吸引游客的地方是消费合理且价格实惠。以郫县友爱乡农科村、温江区万春镇等川西坝子农家民俗旅游为代表。这里位于“国家生态示范区”内，是享誉全国的花卉、盆景、苗木、桩头生产基地，“农家乐”发源于此。它荟萃有川西平原农家休闲旅游的主要特色，展现着“农家乐”的巨大魅力。

花果观赏型农家乐以四川成都龙泉驿的书房村、工农村、桃花沟、苹果村等东郊丘陵的农家果园游乐为代表。龙泉山果品远销全国乃至海外，果品收入是龙泉驿区的经济支柱。但是，近些年来兴起的以春观桃（梨）花、夏尝鲜果的花果观光旅游，使其旅游收入已经大大超过果品收入，其中最具有代表性的是成都市新农村建设“五朵金花”之一，国家4A风景区的幸福梅林。卖果不如卖花，让人先饱眼福、后饱口福，它反映了人们消费观念的转变。龙泉山水果在提高其科技含量之后又着力提高其文化含量，在传统农业基础上发展观光农业，开启了宜林山区发家致富的新思路。

景区旅舍型农家乐以远郊区都江堰的青城后山、蒲江县的朝阳湖、彭州市的银厂沟、大邑县的西岭雪山等自然风景区为代表。低档次农家旅舍价格低廉，游客感觉仿佛把自己的家搬到了风景区，花费居家度日的钱，享受景区的自然环境，景区“农家乐”因而受到中低收入游客的欢迎。

花园客栈型农家乐以新都区农场改建的泥巴沱风景区、邛崃市前进农场改建的东岳渔庄、南昌县海湾农庄等为代表。把农业生产组织转变成为农业旅游，把农业用地通过绿化美化，使之成为园林式建筑，以功能齐全的配套设施和客栈式的管理，使之成为在档次上高于“农家乐”低于度假村的一种休闲娱乐场所。

我国各地的乡村旅游开发均向融观光、考察、学习、参与、康体、休闲、度假、娱乐于一体的综合型方向发展，其中国内游客参加率和重游率最高的乡村旅游项目是：以“住农家屋、吃农家饭、干农家活、享农家乐”为内容的民俗风情旅游；以收获各种农产品为主要内容的务农采摘旅游；以民间传统节庆活动为内容的乡村节庆旅游。

如广西壮族自治区恭城瑶族自治县竹山村根据当地实际情况，使得特色农业与休闲旅游相得益彰，重点突出“瑶”“柿”特色，形成了别具一格的旅游氛围。以柿为媒积极开展农业旅游，提出了“品瑶乡月柿、赏柿园风光、喝恭城油茶、住生态家园、做快活神仙”的宣传口号。同时，还开发与旅游相关的农业产品，如月柿系列加工产品、恭城油茶。在设施建设、旅游接待、风情表演上充分体现瑶族特色，让游客领略田园风光的同时，体验到瑶家做客的民族风情。

壮观的万亩月柿园，金秋时节柿果飘香，瑶乡大地成了一个金色世界，让游客在感受秀丽乡土风光的同时，还可以品尝各种生态果品的香甜美味，分享到丰收的喜悦，为培育和发展休闲农业与农业旅游奠定了良好的产业基础。特别是红岩新村，为吸引游客，设置了月柿、葡萄、杨梅采摘园，让游客体验、享受乡村休闲旅游的乐趣。竹山村以红岩新村为休闲农业与农业旅游发展轴心，紧密结合农业结构调整和生态旅游，依托万亩月柿园风光发展“农家乐”，提升了休闲乡村的档次，促进了农民就业增收。2010 年累计接待游客 21.5 万人次，同比上年增长 36.5%；休闲农业营业收入 2 650 万元，村集体收入 16.5 万元，农民人均纯收入达 6 750 元，其中人均非农收入达 1 650 元，转移劳动力 302 人，休闲农业带动户数 460 户。

“农家乐”产品特点比较明显。第一，是环境好，因为它们大多开在郊区，自然环境优美，空气质量好，植被覆盖率高。

第二，是依据农村传统习俗提供特色饮食、特色娱乐、特色住宿等产品，使游客能享受到与平时不一样风情，如在海边吃特色海产品，在山区吃野味，在牧区吃特色畜产品、学狩猎、做农活、住窑洞、睡火炕、听山歌等，内容丰富，花样众多，带有明显的民族特点和地域特点。

第三，投资小，消费大众化。由于此产品产生在郊区、山区、边远地区，交通状况欠佳，市场经济发育不完善，农民群众待客淳朴、实在，服务成本低，提供的产品收费普遍不高，适合大众消费需求。

第四，蓬勃发展备受欢迎。农村发展经济路子少，同质化严重，困扰农民的脱贫致富。旅游产业兴起之后，各地争相开发，“农家乐”以其投资小、见效快，服务简单深受百姓欢迎，近几年产业扩张迅速，增长速度超过星级饭店，堪称产业发展史上的奇迹。

农家乐的蓬勃发展既丰富了旅游业内涵又加快了农村经济发展。旅游产品不但使游客增加了许多消费内容和方式，而且也学到很多东西，在山区吃土鸡、吃山野菜，在海边吃渔民烧制地道的海产品，在牧区吃牧民加工的肉制品，喝不同风格的酒水，听风情各异的民歌，感受当地不同民俗，使游客流连忘返，也丰富了旅游业内涵。

“农家乐”也让有旅游资源地区的农民走上了发展经济的路子，打破了单纯以农业为谋生手段的局面。这些农民可以不出家门挣大钱，也不用为挣到了钱却讨不回账发愁，加快了农村地区经济发展，使他们脱贫致富奔小康。河南省栾川县重渡沟，以前农民人均收入不足 500 元，如今人均收入都在 1.5 万元以上，从一个深山贫困村变成了远近闻名的富裕村。

第三节 “互联网+”农业旅游

“互联网+”农业旅游发展出一种推广农业旅游的新模式。在“互联网+”的旅游时代，当互联网邂逅了农业旅游，便塑造了最美好时代下的最美丽乡村，农业旅游便进入了3.0时期。计算机、手机移动互联网，微信、淘宝等各种平台以及创意互联网思维等与农业旅游的完美融合，将实现农业旅游的创新、增效，创造出乡村旅游的新价值形态。

互联网进军农业旅游以来，不仅在营销方面实现互联网化，其生产服务过程及其信息还开放给了互联网平台，实现了旅游线上线下的无缝连接。互联网、物联网的盛行，线上线下联动发展，移动App的出现与发展，都将促进农业旅游产业融合、旅游体验智慧化、旅游方式转变、旅游消费升级。“互联网+”农业旅游的模式是通过线上的信息展示、营销、互动、决策、预订及支付等完善农业旅游的线上服务，通过线上线下紧密结合的高效管理以完善的旅游产品和服务满足游客个性化、多元化的农业旅游体验，从而形成线上线下服务体验的闭环过程。游客动一动手指就可以轻松实现私人定制般的农业旅游。

就目前发展形势而言，互联网对我国农业旅游发展起到了巨大的推动作用。“互联网+”农业旅游的运营方式主要是充分利用互联网技术，提供给旅客农业旅游信息，实现线上预订下单，线下农业旅游体验，形成互联网订单农业旅游模式。下面以中国乡村旅游网和魅力城乡网的运营方式进行说明。

1. 中国乡村旅游网（http：//www.crttrip.com/）

中国乡村旅游网是以回归自然、体验乡村为主导，集乡村休闲旅游、农业旅游、森林旅游和民俗旅游等为一体，致力于提供乡村旅游资讯和全国乡村旅游信息，促进乡村旅游资源进行优化组合的综合性门户网站。

依托于互联网和新媒体强大的信息传播功能，中国乡村旅游网介绍了国内乡村旅游动态，分析了乡村旅游热点问题及发展趋势，主要服务于休闲农业主体，引领了休闲消费新业态，并且全面推进了休闲农业信息化水平。作为乡村旅游互联网行业的早期实践者，中国乡村旅游网给全国地方政府、企业、读者提供了最专业、最丰富的旅游咨询和户外资讯，与各界人士合作打造了全国最权威、最有价值的休闲农业与乡村旅游品牌推广和公共信息服务平台。

中国乡村旅游网的内容设置有行业新闻、地方动态、媒体视点、美丽乡村、特色小镇、民俗旅游、节庆活动、乡村旅游规划、景点导览、乡村旅游瞭望、理论研究、休闲智库、高端访谈、政策导读、旅游扶贫、休闲农业、乡村游记、县域推介等板块，涵盖各方面针对乡村旅游的相关信息。不同的板块有不同的内容，通过对网站内容进行整合分类，方便人们上网查找其感兴趣的乡村旅游信息，让更多的人了解乡村旅游，了解这个新型的产业形态以及乡村旅游的文化底蕴和特色。

同时，在网站上展示一些地方特色或者地方特产，如马铃薯、蘑菇、西瓜、辣椒、乌鸡、食用菌、黄花菜、南瓜、黄瓜、杏子、李子、桃子、苹果、草莓等蔬菜瓜果，用来吸引游客。人们只要通过浏览网站就可以找到感兴趣的农家乐、乡村旅游热门景区，通过网站提供的电话，可以向对应的商家询问住宿、吃喝、游玩的价格。

可以说，中国乡村旅游网推动了农业旅游发展，极大展现了互联网在农业旅游方面的应用。

2. 魅力城乡网（http：//365960.com/）

魅力城乡网由农业部乡镇企业局支持指导，国内领先的农业信息综合服务运营商——北京农信通科技有限责任公司开发运营。魅力城乡网通过政府引导，带动社会人员参与到农业旅游中来，为农产品提供市场，使得农民大大受益。

该网站利用互联网技术为农业旅游用户提供了六大功能，即强劲搜索、全景漫游、电子商务、电子地图、社区互动、手机应用及跨平台使用功能，这些功能为农业旅游吸引了大量游览者。多种搜索检索功能，方便用户找到所需信息；360° 实景漫游，移动鼠标就可提前体验农业旅游的乐趣；高效的电子商务，方便用户购买农产品；触摸屏幕，直观查询附近休闲农业相关信息；个性化社区，让“驴友”演绎不一般的休闲感受；随时随地享受短彩信、移动互联网贴心服务；电脑、手机、语音电话等信息平台均可使用。

农业旅游使用“互联网 +”的方式，为农业旅游的经营者、消费者和管理者提供了许多方便，实现了实时信息交流、在线交易，推动了农业旅游的发展。

面向农业旅游的经营者，魅力城乡允许经营者通过互联网和手机，获取休闲农业新闻资讯和管理知识，提升经营管理水平，在经营中谋求商机；通过网站、网店、全景漫游、电子地图定位标注、手机互联网，全面展示风采；还可做预订促销活动。

面向消费者，使用网站搜索、电子地图，手机短信、电子地图查询，迅速找到休闲信息，可购买到安全、正宗、物美价廉的各地特色农产品；可预订各地的休闲农业“吃、住、玩”产品；根据用户需求策划独具特色的线路、向导服务，替用户着想，引导高品质农业休闲消费；建立私人空间、发布游记、发起活动、寻找志同道合的驴友，尽情抒发情怀，大“秀”精彩旅程。

面向管理者，随时随地可了解本地区休闲农业发展情况，科学管理指导休闲农业经营，整体推广宣传本地区休闲农业。

“互联网 +”农业旅游主要采用“互联网 +”模式，全面帮助合作地区搭建特色地方平台，发展地方特色经济，聚焦对当地旅游景点的宣传管理和对农副产品的特色经营与推广。

这种农业新形态不仅响应了国家发展“互联网 +”农业的号召，可以为一个地区相关农业及旅游业的发展注入新活力，还可以解决当地产品的宣传、销售问题，减少中间商环节，提升自身收益。消费者则可以通过互联网平台了解当地的景点、农业特色，得到非同寻常的休闲与购物体验，使得人们足不出户就可获得农业旅游新动态，了解不同地区民俗，便于旅游者做出自己的选择。

大多的农家乐升级，只是在原有的游玩项目中，加深了绿色食品这一概念，但对于消费者来说，已经无法满足在农庄之内的实际体验需求。而特色的“互联网 +”农业旅游，不仅重视农业的生态理念，更将乡村体验深度优化，充实服务细节，让消费者可以享受到全面的乡村旅游乐趣。

第四节　多功能休闲智慧的乡村生活

农业进入 4.0 后，农业进入智能化时代，各种智能机器人开始大量应用于农业生产、经营、管理，各种农业智能设施和装备也进入农业生产、流通和市场，智慧农业得以实现，无人机、虚拟现实、4D 打印、农业机器人等成为农业新经济的主要技术支撑。农业旅游 4.0 时期，通过把农业资源与虚拟现实、人工智能等技术的结合，可以实现更加全方位的农业旅游，进入真正的全民休闲时代。人们不再只是以“走马观花、到此一游”的旅游形态去参加乡村观光旅游和休闲度假，而是真正享受乡村生活。

在农业旅游 4.0 时期人们利用智能化技术真正实现了“回归乡村”，回归青葱的茶园、碧绿的稻田、烂漫的桃花、如雪的梨花、绚烂的梯田、广袤的草原、金黄的油菜花、紫色的薰衣草，还有蓝天白云、碧水清波、清新空气、特色美食，这一切变成现实，乡村生活具有多功能休闲智慧特点，可以实现更加全方位的旅游体验，如智能体验、养生养老和科普。

随着科学技术的发展，智能化农业包含了育种育苗、植物栽种管理、土壤及环境管理、农业科技设施等多个方面，农业机器人也越来越广泛地应用于工农业生产当中，机器人代替人类劳作，这使得人们拥有更多的时间去享受生活。

其中以虚拟现实为代表的新一代信息技术通过关于视觉、听觉、触觉等感官的模拟，让用户如同身历其境一般，可以及时、没有限制地观察三维空间内的事物。用户进行位置移动时，计算机可以立即进行复杂的运算，将精确的三维世界视频传回产生临场感。该技术集成了计算机图形、计算机仿真、人工智能、传感、显示及网络并行处理等技术的最新发展成果，是一种由计算机技术辅助生成的高技术模拟系统。

预计进入农业旅游 4.0 时期，针对农业旅游市场的虚拟现实技术应用，即虚拟现实旅游或将成为农业旅游业发展的真正突破口。该技术将让人们足不出户，便能身临各类农业场景及农业旅游景区，进行旅游观光。

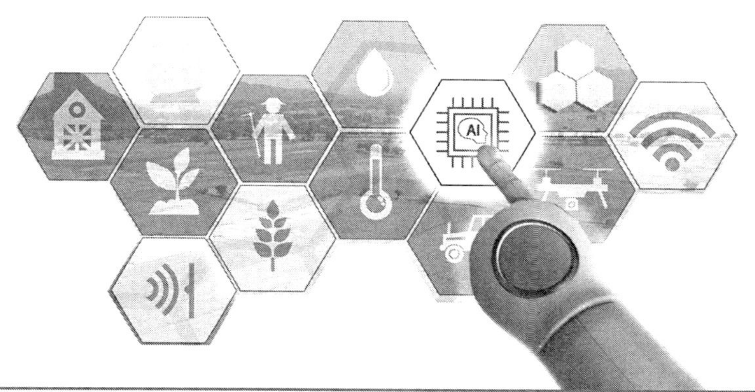

第十一章　智能农业管理与服务

农业4.0时代，物联网、云计算、大数据、人工智能等新一代信息技术与农业深度跨界融合，农业呈现以工业化生产手段和先进科学技术为支撑，有社会化的服务体系相配套，用科学的经营理念来管理的新形态。农业4.0的核心是科学化，特征是商品化，方向是集约化，目标是产业化。在农业管理和服务方面，政府管理具有科学化，便捷化、高效化的特征，在大数据和智能决策支持下，通过优化农业产业体系、生产体系和经营体系，呈现“信息支撑、管理协同，产出高效、产品安全，资源节约、环境友好”的农业管理和服务新业态。

第一节　农业管理与服务的基本内涵

农业是社会存在和发展的根本，在国民经济产业体系中处于特殊的地位，农业管理分为农业宏观管理和行业管理。信息服务分为面向企业的信息服务和面向农民的公众信息服务。农业宏观管理就是以国家为主体，根据社会需要，从长远利益和农业可持续发展的角度出发，运用计划、法律、行政和各种经济调控手段，对农业经济总体和总量进行的管理、调节和控制。

农业宏观管理主要目标有：①健全农业市场体系，引导农民步入市场经济；②支持农业发展，保证主要农产品的供求基本平衡；③保护农业资源，改善农业生态环境；④保护农民权益，增加农民收入。

农业宏观管理的主要内容包括：①制定农业发展规划和目标；②为农业提供公共物品；③维护农业发展过程中的市场秩序；④降低农民的市场风险，保障国家粮食安全；⑤调节农业发展过程中的农民收入分配；⑥维护、改善农业生态环境；⑦保护农业生产经营者的私人产权；⑧调节农产品总供给与总需求的关系，实现两者的总量平衡和结构平衡。

农业宏观管理的手段包括计划手段、经济手段、法律手段和行政手段。

（1）计划手段：农业中的计划主要包括农业发展战略和农业发展计划。农业发展战略是指某一时期内，政府对一定区域的农业发展所实施的带有全局性、长远性、关键性的宏观决策；农业发展计划是政府针对一定时间、一定区域的农业发展做出的一种具体安排部署，它可分为农业年度计划、中期发展计划和长期发展计划。

（2）经济手段：常用的经济手段主要有价格、财政、税收、信贷、保险等。

①价格手段。国家可以根据不同类型农产品的供求状况和农业发展规

划，制定相应的价格政策来调节供求，实现宏观管理目标。

②财政手段。国家财政通过增加对农业的支出或投入，支持农业发展。财政手段包括两种形式，一种是无偿的，即国家财政对农业的支出和直接投资；另一种是有偿的，即国家财政给予。

③税收。农业税收是国家按照法律规定从农业取得财政收入的一种手段。随着我国经济的发展，已从2007年开始在全国全面停征伴随中国农民多年的农业税，减轻了农民负担，将有利于农业和农村经济发展。

④信贷。信贷是政府用以支援和调控农业经济的重要经济手段，主要通过吸收农民存储、发放农业贷款等方式完成。

⑤保险。农业保险对于农业生产经营者增强抗拒自然灾害能力和增强农业市场风险等方面具有重要意义。我国的农业保险主要由中国人民保险公司和保险合作社承担。目前，农业保险主要有农作物保险、收获期农作物保险、森林保险、畜禽保险和水产养殖保险等。

（3）法律手段目前，我国与农业有关的法律包括两大类：一类是一般性经济法律中要求农业必须执行的规定；一类是专门针对农业经济的法律规定。

（4）行政手段行政手段是指国家行政机构采取强制性命令、指示、规定和下达指令性任务来调节和管理经济活动的方法。行政机关通过发布命令和下达任务来协调各部门各地区的发展。

一、农业行业管理

农业行业管理主要包括种植、畜牧兽医、渔业、农机、农垦、农产品加工等农业行业的管理。开展农业行业管理建设，实现行业管理的规范化、标准化和科学化，对于农业行业进行动态监测和趋势分析，对于提高农业主管部门在生产决策、资源配置、指挥调度、上下协同、信息反馈等方面的能力和水平均具有重要支撑作用。加强农业行业管理信息化建设，可为提高农业行业管理的效率和水平、加快实现农业现代化提供重要手段，从而促进农业劳动生产率和生产水平的提升，提高农业行业安全生产监管能力，促进农业产业健康可持续发展。

二、企业信息服务

农业企业是指使用一定的劳动资料，独立经营、自负盈亏，从事商品性农业生产以及农产品直接相关的经济组织。农业企业的经营对象是农作物和农产品。

农业企业经营管理是指对农业企业整个生产经营活动进行决策、计划、组织、控制、协调，并对企业成员进行激励，以实现其任务和目标的一系列工作总称。合理地组织生产力，维护和完善社会主义生产关系，适时调整上层建筑，使供、产、销各个环节相互衔接，密切配合。人、财、物各种要素合理结合及充分利用，以尽量少的活劳动消耗和物质消耗，生产出更多的符合社会需要的产品。

农业企业经营管理主要内容包括：①合理确定农业企业的经营形式和管理体制，设置管理机构，配备管理人员；②搞好市场调查，掌握经济信息，进行经营预测和经营决策，确定经营方针、经营目标和生产结构，编制经营计划，签订经济合同；③建立、健全经济责任制和各种管理制度，搞好劳动力资源的利用和管理，做好思想政治工作；④加强土地与其他自然资源的开发、利用和管理；⑤搞好机器设备管理、物资管理、生产管理、技术管理和质量管理；⑥合理组织产品销售，搞好销售管理，加强财务管理和成本管理，处理好收益和利润的分配；⑦全面分析评价农业企业生产经营的经济效益，开展企业经营诊断等。

三、面向农民的公共信息服务

面向农民的农业信息服务是指信息服务机构以用户的涉农信息需求为中心，开展的信息搜集、生产、加工及传播等服务工作。农业信息服务的目标包括三个层次：第一个层次是直接目标，它是指针对农业信息化进程中各个信息主体（主要是指农民）的信息需求、技术需求和生产生活需求提供的一系列基础性服务；第二个层次是间接目标，即农业信息服务应该为国家各级政府制定农业宏观调控政策以及企事业单位从事农业科学技术研究提供真实可靠的信息资料，在农业各个领域不断地推进信息化；第三个层次就是要全面实现国家农业信息化，为我国农业现代化以及农业的国际化提供完善的信息服务保障。

农业信息服务的手段既包括传统信息手段，又包括现代化信息手段。其中广播、电视、报纸、宣传板等是传统手段，互联网、卫星、手机短信、“三微一端”则是现代化信息服务手段。广播、电视网、电信网、卫星网、互联网等基础设施网络并结合数字微波传输技术，为农业信息服务提供了通畅渠道。此外，诸如流动性的农业信息服务站（益农信息社）、科普刊物、农村科技培训、农村实用人才带头人培训以及农产品信息发布会和技术洽谈会等，也都是很好的农业信息服务方式。

第二节　农业管理与服务变迁

一、传统的农民管理和服务

农业 1.0 时期主要指农业的起源到近代农业。在传统农业中，精耕细作是古代传统农业的鲜明特点，劳动的动力是人力、畜力和其他自然力如风力、水力等。传统农业的主要耕作工具和主要耕作方式是牛耕，而生产技能主要依靠农民的生产经验，生产效率低下。进入近代农业后，也就是 20 世纪 80 年代以后，种子条播机、脱谷机、收割机、饲料配制机相继问世。内燃拖拉机的产生使畜力牵引为机械动力所替代，化肥、农药工业长足发展。但是，化学品的污染，使生态环境遭到破坏，自然资源、能源过度消耗。这些问题困扰着社会，使政府面临着如何处理生产效益与生态环境关系和如何实现可持续发展等问题。

从信息技术的角度看，农业管理与服务 1.0 阶段，绝大多数用户没有安装电话，没有网络电视。政策法规基本上依靠文件层层传达，特别是农村地区，需要通过乡村会议或广播进行宣传。因此，该阶段的农业管理手段落后，透明性差。

二、基于电子政务的农业管理

基于电子政务的农业管理随着农业生产 2.0 ~ 3.0 的转变，即农业机械化到农业自动化的转变，农业的生产效率不断提高，农业的经营规模不断加大，农民的收入快速攀升，农民逐步完成身份农民向职业农民的转变。

与此同时，在 20 世纪 90 年代，互联网大潮迅速涌起，网络在中国得到了普及。这个阶段的农业管理，电子政务作为信息技术与政务工作有机结合，成了国民经济和社会信息化建设的重要组成部分。电子政务是政府机构应用现代信息和通信技术，将管理和服务通过信息技术进行集成，在网络上实现政府组织结构和工作流程的优化重组，突破时间、空间及部门之间的制约，向社会公众提供全方位优质、高效的服务。在信息化社会中，与电子政务相关的行为主体主要有政府、企业和公众，政府的业务活动也主要围绕着这些行为主体展开，包括政府与政府之间的互动、政府与企业之间的互动、政府与公众之间的互动等。相应的管理模式主要有：G2G、G2E、G2B 和 G2C 这四种模式。

① G2G 模式。指政府与政府之间的电子政务，即上下级政府、不同地方政府和不同政府部门之间实现的电子政务活动。G2G 模式是电子政务的基本模式，传统的政府与政府间的大部分政务活动都可以通过信息技术的应用高效率、低成本地实现。

② G2E 模式。指政府与公务员（即政府雇员）之间的电子政务，是政府机构通过信息技术实现内部电子化管理的重要形式，主要是利用政府内部网络建立起有效的行政办公和管理体系，以提高政府工作效率和管理水平服务。

③ G2B 模式。指政府与企业之间的电子政务，即政府通过网络进行采购与招标，为企业提供各种信息服务，向企业事业单位发布各种方针、政策、法规、行政规定等，企业通过网络进行税务申报、办理证照、参加政府采购、对政府工作进行意见反馈等。

④ G2C 模式。指政府与公众之间的电子政务，政府通过电子网络系统为公众提供各种服务。农业电子政务是通过应用现代信息和通信技术，将农业部门的管理和服务工作通过信息技术进行集成，实现组织结构和工作流程的优化重组，向社会公众提供全面优质、高效的服务。农业电子政务围绕农业主管部门履行经济调节、市场监管、公共管理、社会服务和应急管理等主要政务职能，是管理信息化在农业政务领域的具体应用和体现。

通过信息化的管理手段，基本实现了下列功能。

①建立行政审批、政务公开、市场监管网上办公平台。提高了农业部门依法行政、农产品质量监管水平和工作质量。管理系统的规范化、标准化、网络化处理，提高了工作效率，增加了业务透明度，提供了便捷高效的服务。

②建立电子政务支撑平台。提高了各业务应用系统间的互联互通和信息共享能力，初步具备了农业部门业务系统的定制开发、资源共享、业务协同及安全运行的能力。大大提高了为民办事的方便性、快捷性和透明度，提高了工作效率，降低了社会成本。

③应对自然灾害、处置突发事件能力明显增强，信息传输、指挥调度、应急响应系统等基础条件明显改善。农电话会议等成为履行政府管理职能、提高工作效能、节约行政成本的重要手段。

这一阶段，信息技术和大数据技术有了一定的发展，尽管该阶段的大部分政府数据还不能称之为大数据，从政府管理的视角来看，这些数据是有重要价值的。但是在电子政务、民生服务方面，还存在着不少值得提升的地方，很多地方的政府部门对大数据的应用并没有表现出浓厚的兴趣，习惯于传统的管理方式。在政府协同合作方面，政府部门之间存在缺乏协同互通合作的现象。没有全面相互合作，共享系统内部的数据，因此，这一阶段，农业管理对大数据的应用还处于最基础的阶段。

三、基于大数据的农业管理

随着时间的推移，大数据时代悄然而至，数据已然成为一种有价值的资源，大数据正快速发展为发现新知识、创造新价值、提升新能力的新一代信息技术和服务业态，已成为国家基础性战略资源。在公共治理领域，建设智慧型政府的道路上，加强培养政府新的执政技能，提升公共管理的科学水平，同样也需要不断地学习和创新管理。此前专注于人的管理方式，也渐变为注重运用对数据进行分析来解决面临的各种社会问题。随着信息化和农业现代化深入推进，农业农村大数据正在与农业产业全面深度融合，逐渐成为农业生产的定位仪、农业市场的导航灯和农业产业管理的指挥棒，日益成为智慧农业的神经系统和推进农业现代化的核心关键要素。

以数据为支持，决策会更理性，更科学。大数据给了公共管理高效科学的管理模式。在大数据战略、公共政策决策、应急管理等方面，政府管理需要探索和部署。大数据能有效帮助公共部门优化决策。大数据的重要性愈加凸显，大数据的应用在社会管理和公共服务的实现中逐渐发挥重要作用。

农业 3.0 阶段农业管理与服务的特点如下。

①政务大数据，让办事效率更高效。完善相关政策法规的发布和规范。实现政务信息互通共享，整合利用，服务百姓的目标。

②实现了基于大数据的行业决策。实现了数据采集的自动化、数据使用的智能化、数据共享的便捷化。实现农业产业链、价值链、供应链的联通，大幅提升农业生产智能化、经营网络化、管理高效化、服务便捷化的能力和水平。

第三节　现代农业智能管理与服务

农业 4.0 是以智能化生产手段和先进科学技术为支撑，有社会化的服务体系相配套，用科学的经营理念来管理的高级农业形态。随着农业生产日益科技化，高新技术成为农业发展的强大动力。农业日益走向商品化和国际化，农产品向多品种、高品质、无公害方向发展。此阶段的现代农业是可持续性发展的农业，是以现代工业装备和信息技术所武装的农业。

农业进入 4.0 后，将会有更多的农业设备和装备通过物联网连接起来，各种智能农机设施和装备大量应用到农业生产、流通和市场中，机器人和自动化系统无处不在，农业劳动生产率、土地产出率、资源利用率得到极大提高，农业的管理将主要依靠农业大数据和人工智能技术，决策的科学性、准确性和透明性将达到空前的高度。

在农业管理方面，随着大数据技术的迅速发展，政府管理部门已经拥有了足够体量的农业生产、经营和管理等数据，大数据不是静态地存在，而是不断与周边数据发生碰撞和聚合。在某种程度上，大数据已变成政府或企业的洞察力与行动力。政府利用大数据的能力主要体现在监测、预测、预警、决策四个方面：监测是指通过天空地立体信息获取体系，监测农业资源、农业生产、农业市场的运行状态；预警是指通过数据采集、数据挖掘、数据分析，对已经存在的风险发出预报与警示；预测是指立足于纵向时间轴，对相对长时间内某些问题的判断从而形成指导，如根据气象数据预测农作物种植情况；决策是指通过所有相关数据的联动，形成基于数据和分析之上的决策或结论。智能决策就是政府借助基于智能系统对现实问题的分析与判断，通过技术手段实现监测、预测、预警、决策的智能化。

在农业 4.0 阶段，通过大数据技术，政府与民众实现了智慧沟通与交流，政府实现了精细化、智能化的管理和科学决策，提高了政府部门之间的协同管理创新，也提升了政府为民办事的效率。政府的决策有据可循，政府的决断和服务能力全面提升，使得组织扁平化、管理透明化、监督智能化、决策科学化、服务个性化。

第十二章　农民智能生活

科技改变生活，农业进入 4.0 时代后，农民的生活进入了一个全面“e”化的社会，农民不再仅是一个身份的代名词，而是一个体面的职业，新农民有知识、有文化、懂技术、收入颇丰且生活在一个田园风光的环境中，成为人们向往的职业。在农业进入 4.0 后，农村也不是贫穷落后的居住地，而是一个美丽幸福的家园，生态涵养和乡村旅游的圣地，文明和谐、智慧休闲的宜居社区。农村与城市一体化协同发展，在基础设施、社会服务、文化环节等方面没有差别。农民的生活方式、娱乐方式、医疗教育等没有区别，居住在农村的人们更有花鸟虫鱼的自然风光。农民的生活全面“e”化，体现在电子商务、智能家居、服务机器人等普遍使用。

第一节　农民生活变迁

一、农民生活 1.0——农民是一种身份的象征

农业 1.0 时期，一切的生产活动都是体力和畜力完成，面朝黄土背朝天是基本的生产方式，农业的生产技能主要依靠农民的生产经验，生产效率低下，农民收入少、社会地位低下，农民是一种职业，也是一种身份，它是贫穷、低微、文化水平低的代名词，这在全世界都是一样的。

二、农民生活 2.0 ~ 3.0——完成身份向职业的转变

随着农业 2.0 ~ 3.0 的转变，即农业机械化到农业自动化的转变，农业的生产效率不断提高，农业的经营规模不断加大，农民的收入快速攀升，农民逐步完成一种身份向一种职业的转变。

中国农民生活水平的提高是伴随着农民权利的增加以及对农民束缚的减少而实现的，农村家庭经营制度的确立，使农民获得了种地的自由，这种自由成为了解决中国人吃饭问题的制度基础；农民进城务工的合法化，农民可以流动就业，为中国的工业化和城镇化的快速发展提供了动力。从 1984 年到今天，中国农民基本经历了小型农业机械化到大中型农业机械化的过程，目前我国农业机械化综合水平已经达到 65%，基本完成农业 2.0，正向农业 3.0 转变。2012 年中央一号文件首次提出培育新型职业农民的概念，预示了把农民从身份概念转变为职业概念的开始。我国一部分农民已经演变为职业农民，但大多数农民还处在转型的过程中，估计要在 2050 年左右基本完成转变。

发达国家从身份农民向职业农民的转化经历了相当长的时期，主要通过“剥夺”或“福利”农民来实现；工业革命时期资本主义推行“剥夺”农民，即农民被视为现代化的阻力，被圈地运动、“羊吃人”所消灭。农

民大批破产，促使农村剩余劳动力向城镇转移，农民数量减少，城市无产者工人激增，城市化进程加快；在20世纪末，发达资本主义国家推行“福利”农民政策，对主要农产品实行保证价格制度，同时在资金信贷，以福利农业的形式保护农民和增加教育培训投资促进转化农民。发达国家利用雄厚的财力大力发展农村的职业教育、成人教育和技术培训，从根本上提高农村劳动力的整体素质，进而完成身份农民向职业农民转变。

三、农民生活 4.0——农民成为令人羡慕的职业

农业进入4.0时期后，农业全面进入智能化时代，各种智能机器人开始大量应用农业生产、经营、管理作业，各种农业智能设施和装备也进入农业生产、流通和市场，农业劳动生产率、土地产出率、资源利用率得到极大提高，职业农民的科技、文化素质也大幅度提升，职业农民的收入得到大幅度提升，远远超过其他产业的收入。更重要的是职业农民生活在田园风光的农村社区，农业不再只是提供农产品和食品，休闲观光、文化传承、娱乐运动等功能越发显得重要。休闲养老智能农业将发展成为一个重要的农业业态。中上层社会人士退休后，都会把休闲养老智能农业作为安度晚年的业余爱好，因此，农民这个职业将成为未来令人羡慕的职业，人们会争相进入这个行业。当然，随着生产率的提高，农业4.0时期容纳的职业农民会越来越少，也就是说，农民将成为新的精英群体。

第二节　农村状态变迁

一、农村状态 1.0——城乡鸿沟巨大

农业 1.0 时期，无论中国还是世界，城乡二元经济结构都是永恒话题，农村经济以典型的小农经济为主，农村在基础设施、教育、医疗等方面非常落后，农村的人均收入和消费水平远低于城市。农村以分散经营为主，农业生产的集约化程度不高，生产工具落后，劳动生产率低下；农村住房条件简陋，以砖瓦房和土坯房为主，卫生条件与城市有巨大差距；农村的道路普遍没有实现硬化，机动车辆难以进入，对外交通困难；对于城市生活中必需的水、电、气等公用设施，在农村的普及化程度不高；农村的环境卫生状况整体上落后，农村垃圾处理、环境整治基本处于无专人负责的状态；农村教育水平低，师资力量薄弱，农民平均受教育年限不高；农村的文化生活单调，农民难以在家门口享受到高水平的文化演出；农村医疗资源缺乏、专业医务人员不足、总体医疗水平偏低。由于受落后的生产方式和农民自身文化科学素质的限制，农民的收入水平低下，农民的时代观念落后，精神文化生活不够丰富，农业 1.0 时期的农村与同时期的城市相比，在各个方面都存在较大差距。

二、农村状态 2.0——城乡差距逐步缩小

农业进入 2.0 时期后，农业的生产率和土地产出率都有大幅度提高，农民收入上升提速，城乡差距开始逐步减少，这是世界普遍的规律。在中国，伴随着“全面建设小康社会”目标的提出，我国的农村逐渐由原来的“脏、乱、差”向“干净、安全、美丽”的新型农村发展。在农村 2.0 时期，国家加大财政支撑和补贴，注重农村经济发展和基础设施建设。通过农村税费改革，农民种地不仅免税，而且还有补贴，使得农民的收入大幅

增加，生活宽裕了并有节余可以支配到娱乐文化中；通过九年义务教育制度的大力实施，全面改变了“上不起学”的现象，农村的义务教育和职业教育达到普及，农村劳动力整体素质大幅提高；通过建立健全农村合作医疗制度和农村医疗援助制度，切实解决农民有病看不起的问题，提高农民医疗保障水平。在“工业反哺农业、以城市支持农村”的指导思想下，建立城乡互动协调机制，城乡差距减少，基本实现了“幼有所教、老有所养，病有所医”。

在农村 2.0 时期的农村建设过程中，由于农业机械化的深入和城镇化的发展，使得农村富裕的劳动力逐渐往城乡转移，留在农村的年轻人越来越少，老年人越来越多，至此在我国农村出现了一种“留守儿童”“留守老人”新生群体。这也是当前农村面临的新问题，也促使我国农村 3.0 的建设将加强关注人文建设，使得城乡一体化，全民统筹发展。

三、农村状态 3.0——城乡实现一体化

农业 3.0 是以信息化为主导的现代农业、高效农业、环保农业；以技术密集、资本密集为其主要特点，具有高投入高回报、节能环保、可持续发展的优势，基于这些优势以及农业 2.0 时代打下的适度规模化基础，农业 3.0 时代在真正意义上实现了城乡一体化。目前城乡的差异主要体现在基础设施水平、自由支配收入及时间、城乡居民的话语权上。在农业 3.0 时代下，现代化的装备、高效的生产技术将极大解放农村居民的生产力，不仅极大提高了农民的自由支配收入，同时给予农民更多的自由支配时间用于接受教育、培训及享受生活；在先进的管理体系、发展理念下，农村的资源利用率、农民的劳动生产力进一步提高，农业的整体竞争力将在各行各业中脱颖而出，农民在社会中的地位也随之提升，获得更多话语权。因此，在农业 3.0 的时代背景下，城乡差异迅速缩小，并将以突飞猛进的势头实现城乡一体化，这种发展趋势在已实现农业 3.0 的美国、欧洲、日本等国家和地区得以验证。

美国是全球范围内在解决城乡二元经济及统筹城乡发展问题上最为成功的国家之一。与其经济的高度发达相适应，美国的城乡一体化发展已经达到很高的水平。在美国，“传统意义上的农村社区几乎不再存在，城市和乡村除去主体产业和景观差别外，生活水平和现代文明程度基本趋同”。

不仅如此，而且以“都市化区”“大都市化区”等地域空间组织形式的普遍形成显著标志，美国城乡发展已经进入了城乡一体化发展的高级阶段。步入农业3.0时期的美国，通过农村基础设施现代化来发展“都市化村镇”，以及通过大力发展城乡之间交通设施体系来不断促进城乡融合发展；同时从优化城镇体系结构上入手，提升城镇资源一体化配置的信息化、智能化水平，实现城乡资源的一体化配置。

借助于先进的农业科技，欧洲的绝大部分发达国家也已进入农业3.0时代，欧洲的农村建设则以德国、法国最具代表性。德国拥有世界知名的农机品牌克拉斯，产品包括联合收割机、自走式青贮收割机、翻晒机、打捆机等，此外，克拉斯在农业信息技术及精准农业技术方面也走在世界前沿。得益于高度的农业机械化、信息化、自动化水平，德国农村居民的资源利用率与劳动生产率也稳居世界前沿，德国农民拥有富足的可支配收入与时间，德国农村的基础设施建设也丝毫不落后于城镇，因此，德国部分地区的政治、经济、文化中心甚至就分布在一些农村地区，德国高度的城乡一体化水平造就了德国完美的平衡发展模式。

法国通过将先进的信息技术应用于生态农业标签，进一步促进了法国生态农业的发展与规模化建设，法国生态农业标签是法国五种标注质量和原产地的标识之一，证明产品符合法国有关法律的规定，保证产品的有机生产方式和过程完全尊重生态平衡和农民自主权，该标签的制定遵循如下原则：生产、养殖、加工、销售和进口等环节全覆盖；对施肥、处理、加工等环节可使用和添加的正面物品实行清单管理；控制、认证、处罚及标识。生态农业标签使得高附加值的生态农业产品质量得以保障，在保障农民高收入的前提下，尊重农民采用安全、生态、高效的生产方式与自主权。法国生态农业下的农村，不仅为从事农业生产的农民提供现代化的居所，更是风景优美、环境清新的景区。

日本城乡一体化进程随着工业化进程不断发展，城乡差距经历了一个由小到大，再由大到小的变化过程，城乡收入差距开始时逐步拉大，并在达到最高点后开始缩小。日本人多地少，经历了农村与城市“剪刀差”的发展过程，第二次世界大战结束后，日本经济快速发展，在工业化和城市化的过程中，日本采取的是出口导向型的经济发展战略，以牺牲农业和农民利益来发展工业，导致了农业发展的严重滞后。城乡差距导致农村人口急剧向城市流动，使得农业生产一度陷入危机，但同样为农业规模化生产以及农业的现代化带来了契机。20 世纪 70 年代，日本政府开始关注农村发展，经过一定时期的发展，日本农业逐渐形成一定的规模化生产能力，随后通过工业反哺，大力发展现代农业，提升农业的机械化与自动化水平，日本城乡差距迅速缩小。如今的日本农村，不再是往日的凋敝模样，而是基础设施完备、农村居民安居乐业的场景。

四、农村状态 4.0 农村是美丽幸福的智能家园

农业 4.0 时期，农业进入智能化生产管理时代，基本是无人值守牧场 / 渔场、无人农机、无人果园，农业成为超高产、高效、优质、生态、安全的产业，这样的生产模式下，农村也发生惊天巨变，农村成为人们向往的美丽富饶的智能家园，未来的农村将会让所有人向往！

进入农业 4.0 时期后，纯粹意义上的农民已经不复存在，那时的农民已经不再靠种地、养猪获得收入，而是经营着发达的智能农业产业。农村开始向智能庄园发展，传统的农民们已经开始离开农村，向城市或城镇聚居。而宅基地的流通，耕地及集体土地的承包转让，会让农村的大部分土地资源流向新时期专业的农业劳动者。新时期专业的农业劳动者经营着高效的农场，获得很高的收入，享受着美丽的田园风光，体验着智能农业的乐趣。

农业进入 4.0 时期后，一切农业生产依托于智能化的装备，农业的生产功能十分高效，不到 1% 的农业劳动力即可养活整个国家，农业的生态、旅游、观光、教育、休闲、娱乐功能成为主导的产业，领养农业、兴趣农业、体验农业成为农村一大亮点产业，特别是老人退休后可以把种养自己喜爱的农业动植物作为老年生活的一部分，届时的农村将成为老人最佳乐园，也是儿童亲近自然的乐园！

第三节　农民智慧生活

一、智慧家居

农业进入 4.0 时期后，农村基础设施、社会服务、文化传承等方面正式进入智慧生活。智能家居深入农民家庭，各种家用电器通过物联网和互联网连接到一起，各种传感设备收集海量传感数据和用户数据，不需要用户人为干预，通过大数据和人工智能技术进行分析，同时结合语音识别、智能场景、融入式服务等便可为用户提供精细化的服务，更加贴合用户需求。与普通家居相比，智能家居不仅具有传统的居住功能，兼备建筑、网络通信、信息家电、设备自动化，提供全方位的信息交互功能，甚至能节约各种能源。

物联网技术在智能家居安防、远程控制、智慧服务等方面大规模应用，通过监控摄像头、窗户传感器、智能门铃（内置摄像头）、红外监测器等有效连接在一起，用户可“刷脸”进门、指纹确认，保障住宅安全；通过远程控制开关电器设备，并追踪电源消耗，帮助用户更好地节约能源；通过手机应用实现开关灯、调节颜色和亮度等操作，随心所欲地变换你想要的场景氛围；依靠物联网技术，实现远程温控操作，控制每个房间的温度、定制个性化模式，甚至还能根据用户的使用习惯，通过 GPS、北斗定位用户位置实现全自动温控操作；可以远程控制洗衣机、冰箱、空调、烤箱、烹饪机等家具或炊具。用户通过设定家庭成员的基本身体数据，便可自动给出健康合理的菜谱建议；在传统烤箱上加入 WIFI 功能，通过手机应用控制烤箱温度，包括预热和加温，甚至可以下载菜谱，实现更具针对性的烹饪方式。不仅仅是烤箱，一些高端咖啡机、调酒机也可配备 WIF1 功能，并且厂商会不定期更新咖啡或鸡尾酒菜单，这样你在家也能品尝到咖啡厅、酒吧的味道；牙刷通过蓝牙与智能手机或穿戴设备连接，实现刷牙时间、位置提醒，根据用户刷牙的数据生成分析图表，估算出口腔健康情况；通过体重秤上内置传感器，实现血压、脂肪量甚至空气质量的检测，并传输至应用程序为用户提供健康建议，更可以与运动手环、智能手表等互联，实现更精准、无缝化的个人健康监测；智能马桶除了通过内置接近传感器实现自动开关盖操作，通过内置智能分析仪还能对排泄物进行分析，并将分析结果传送至手机和显示屏应用，让用户随时了解自身健康状况。

二、智慧医疗

农业进入 4.0 时期后，农村社区服务功能发展到极致，智慧医疗是农民智慧生活的保障。继“移动医疗”“数字医疗”和“区域卫生信息化”之后，智慧医疗呼之欲出，未来的医疗体系将发生翻天覆地的变化。智慧医疗将会拥有如下特点：智能生物式身份识别和验证；智能化人体健康指标实时采集并云端交互；智能化大型检查设备处处联网并实时分发检查结果到云端；智能化医疗无线网络无处不在，社区、医院、政府、科研院所医疗数据高效共享和云端互通；智能化居民健康数据和医院诊疗数据按不同角色实施加密归档，经过云计算和大数据挖掘进行主动分级管理和诊疗决策；智能化全国专家和医生临床会诊大平台，打破传统医疗资源分层；智能化高效安全的药品采买、仓储、分发和配伍；智能化居民疾病医疗保险跟踪保障；智能化居民健康状况实时监测和预测预警推送；智能化就医环境和医事、医嘱服务；智能化临床科研和医药研发联动等。

未来的智慧医疗将始终以居民的健康和关怀为中心，以生物式传感、云架构物联网和海量数据智能处理技术作为支撑，社区、医院、政府、企业和科研部门资源将充分整合共享，高效协作；智慧医疗云无处不在，时空的壁垒都将打破，完善的分级、分项诊疗制度更加自主；居民健康状态将在大数据分析支持下得到实时的监控和干预，未来新生儿更加精准地接受优生优育的筛查和干预，未来慢性疾病的预防预警将会及时准确地推送给潜在致病居民，被动医治将被主动预防代替，未来急性病症将更加高效地受到及时干预并快速治疗；医院和社区定位更加准确，互相补充和联动，远程和定制化保健、会诊、咨询成为医生的工作内容，疑难病症的医学研究和药品研发将自主地由海量居民健康数据和临床症状数据挖掘驱动。届时，智慧医疗将造福整个人类。智慧医疗在大数据自主驱动的平台上，为每位居民和医疗机构提供定制化的健康监测和医事服务，引导居民主动防治各项健康威胁和疾病，主动消灭大规模疫情的爆发，居民寿命显著延长，生活质量显著提高，医疗资源高效应用，医疗产业链上下游互动，医事服务协同合作，居民生活空前幸福。

三、电子商务

农村电子商务是指利用互联网、计算机、多媒体等现代信息技术，为从事涉农领域的生产经营主体提供在网上完成产品或服务的销售、购买和电子支付等业务交易的过程。农业 4.0 时期，农产品电子商务和订单农业、拍卖市场成为农产品的主流交易方式。农村电子商务通过网络和多媒体技术满足各地不同的农业生产技术的需求，用户可以利用虚拟市场发布供求信息，会员交易，对平台积累的大量原始数据进行市场行情分析，同时也可以在网上开展农贸市场，数字农家乐，特色旅游，特色经济和招商引资等各项内容，充分利用电子商务的跨时空、交互性、整合性、超前性、高效性和经济性等特性实现农村对资金流、物流和信息流在农村的应用。

电子信息的出现，让一个陈旧的社会变成一个高速发展的社会，使电子商务在全球占据很大的地位，受到了社会的重视和认可。与此同时，电子商务还在逐步加强信息的多源化、知识的扩大化、市场的使用化、法制的建设化和网络的合理化。电子商务的迅猛发展，加快了农村利润的增长，也使农村成为一个信息网络化的智慧社区。

四、智慧养老

智慧养老是面向居家老人、社区及养老机构的传感网系统与信息平台，并在此基础上提供实时、快捷、高效、低成本、物联化、互联化、智能化的养老服务，主要通过农村智慧养老云中心将农村老年人休闲体验中心、农村养老服务中心、农村医疗服务中心、农村商铺等与移动终端设备连接组成，进而实现全智能机器人服务老人的生活模式。农业进入 4.0 时期后，人均寿命将达到 100 岁，社会老龄化更为严重，养老产业成为一个庞大的产业，而农村则会成为养老的天堂。老年人通过领养智能果园、智能渔场、智能猪场、鸡场、智能温室等，锻炼身体、陶冶情操，体验智慧农场将成为老年人的一大爱好。其中农村养老服务中心、农村医疗服务中心、农村商铺、移动终端设备是服务提供方，老人是服务需求方，农村智慧养老云中心是将服务需求方与提供方连接起来的网络中介。当老年人有服务需求时，只要按动手中移动终端设备，信息就会马上通过网络云平台与服务方联系，为老人提供服务。农村养老服务中心的主要职责是汇总上报老年人信息，并在其下设立家政服务中心，为老年人提供养老服务。家政服务中心主要负责老人的生活照料、清理卫生、送餐服务等。可根据需要照顾的老人数量设置家政服务机器人的数量，农村医疗服务中心主要职责是老年人的健康数据上报、老年人的医疗健康照料等。当智能终端检测到老人身体健康指数有问题或者老人按动医疗救助按钮后，医疗服务中心值班机器人会马上赶往老人所在位置查看情况，并及时进行治疗。农村社区商铺主要职责是为老人提供商品服务和维修服务，老人有需要只需按键，信号将传送到养老服务中心和社区商铺，社区商铺直接送货上门，从老人呼叫时间算起，在规定的时间内（如1小时）商品必须送到，养老服务中心还会给老人回拨电话咨询服务情况，根据服务情况来修改完善机器人的设定。智能机器人在娱乐方面也同样可以满足老人的各种需求。如老人可以通过移动终端设备来控制智能养鱼种菜系统等，便能吃到自己种的菜，既带来了乐趣又保证了食物的绿色健康；当老人不想自己动手做饭时，也可以命令机器人为自己做一顿丰盛而美味的大餐来满足自己的味蕾；当老人觉得孤单时，可以命令机器人陪自己聊天，也可以让几个机器人陪自己打牌等。

五、智慧娱乐

在农业4.0的时代，农民有了更多的时间和精力来充实自己的生活，丰富自己的眼界，娱乐生活成了衣食住行之外的重要组成部分。在经济与科技快速发展的时代，农村娱乐产业将成为最大的产业之一，智慧娱乐相对于传统狭义的娱乐方式而言，更加多样化、便捷化，创新性和文化传承意味更强。智慧娱乐是融合互联网、人工智能等现代化技术以及高科技设备，构建娱乐、生活一体化的智慧生活方式C农业进入4.0时期后，传统的电影的播放形式会逐渐改变，替代它的是一种新型的娱乐模式“电影+旅行”，在旅行中亲历电影，在电影中旅行。VR（虚拟现实技术）头盔的出现和普及使得虚拟的图像变成了一个三维立体的空间，敞开在你的周围，使观众具有了参与感，不再是一个旁观者，而是操纵者。体育赛事的直播，还可以让观众在电视机前就看到全方位的现场全景，体验身临其境的感觉，宅在家中，也能神游天下。农业进入 4.0 时期后，线下的娱乐方式例如主题公园、音乐剧、现场音乐会等也会有所改善，将线上线下相结合并提高用户参与感，拥有更好的用户体验。任何娱乐方式都将不再孤立存在，而是全面跨界连接，融通共生。创作者与消费者界限逐渐打破，每个人都可以是创作达人，每个用户的意见都可以实时地与创作者交流，并按照用户的意愿更改设置。趣味互动体验将广泛应用，人们通过娱乐寓教于乐，娱乐思维或将重塑人们的生活方式。

农业进入 4.0 时期后，农民家里安装多功能数字家庭集中控制器，实现网络一体化，包含电话、传真、电脑、电视机、影碟机、卫星电视等用于娱乐的家电，实现墙面直接控制开关机，音频切换、音量调节等效果，各个房间均有自己的音源输入，可以听喜欢的音乐和看精彩的视频而不用担心影响到别人。除此之外，农民拥有家庭机器人，其拥有行进、感知、接收、控制等装置，能够代替人完成家庭服务工作，在人们休息的时候，无任何噪声地打扫房间；完成做饭、洗碗等各种家务活的同时，还能够帮助看管和教育儿童。

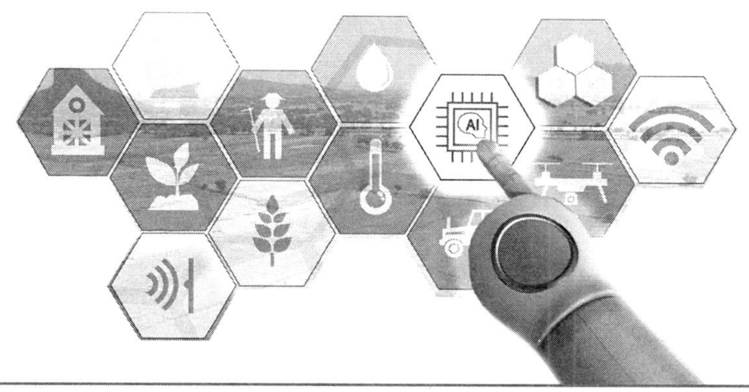

第十三章　智能农业发展展望

第一节　总体目标及发展思路

一、总体目标

通过30多年（到2050年，即第二个百年）的现代农业的建设，我国农业信息化应用水平将基本达到或超过现在欧美发达国家的水平，农业信息化应用进入农业产业集成融合发展阶段，基本实现新一代信息技术与“三农”的完全融合，全国完全实现传统农业产业的数据化、在线化改造，发达地区完全实现农业产业与新一代信息技术集成融合，全面实现农业3.0的目标，我国农业重新回到世界农业的制高点上。再经过20年（2070年前后）农业现代化的建设，我国农业生产智能化、经营网络化、管理个性化，城乡“数字鸿沟”彻底消失；大众创业、万众创新的良好局面将成为一种新的常态；智能化成为农业现代化发展坚强支撑，信息技术、智能技术与农业生产、经营、管理、服务全面深度融合，农业全面进入智能化时代，我国农业将成为世界农业的领跑者。

农业生产智能化、经营网络化。大力推进物联网技术、智能技术、虚拟技术在农业生产经营中的应用，在国家现代农业示范区和“三园两场”（蔬菜、水果、茶叶标准园，畜禽养殖标准示范场、水产健康养殖场）取得完全突破；建成一批智能化的大田种植、设施园艺、畜禽养殖、水产养殖物联网综合生产基地、家庭农场，实现生产空间集约高效；成熟化一批农业物联网关键技术和成套智能设备，形成与推广应用一批节本增效农业物联网应用模式；农业电子商务得到大力发展，进入全息时代，农产品、农业生产资料、休闲农业实现电子商务智能交易；国家粮食安全的保障能力大幅提升。

农业管理个性化。农业资源管理、农业应急指挥、农业行政审批和农业综合执法等实现在线化、数据化、智能化和个性化；建成国家和省级大数据平台，实现农业行业管理精细化和管理决策科学化；建成农副产品质量安全追溯公共服务平台，实现农副产品和食品“从农田到餐桌”的全程可追溯，保障“舌尖上的安全”。

农村与城市一体化协同发展，生活空间宜居适度、生态空间山清水秀；我国农村在基础设施、社会服务、文化环节等方面，与城市的差别将彻底消失；我闺农民将与其他全国人民一样，拥有同样的智能化的生活方式、娱乐方式，享受平等医疗教育，农民的生活全面“e”化，电子商务、智能家居、服务机器人等普遍使用：我闺农村将成为天蓝、地绿、水净、气洁的美好家园。

二、发展思路

农业 4.0 建设要以本地区现代农业发展的基本定位为基础，要对接农业生产、农产品流通、农民生活和农村社会管理，全面服务农业农村发展。农业 4.0 发展要长远布局，以若十个重大工程为抓手和突破，以 5 大发展理念为指导，以 2 个结合为统领，以 4 个全面实现为最终目标，分步建设的发展思路，同时在实际工作中要有急迫感和责任感，各部门相互协调，形成合力，共同加快推进各项任务实施。

农业作为传统产业，是全面建成小康社会、实现现代化的基础，农业 4.0 要瞄准农业现代化和农村经济持续稳定协调发展的主攻方向，要适应农业特点，接好农村地气，遵循市场和产业发展规律，探索可持续的商业运行模式，必须深刻把握“三农”发展的新阶段和新趋势，着力加强供给侧结构性改革，着力提高农业供给体系质量和效率，紧紧围绕农业现代化和城乡一体化的建设需求，明确本地区农业 4.0 发展定位，通过农业 4.0 建设，形成农业 4.0 发展的新模式、新机制和新产业聚集的源发地、产出地和示范地。

其中若干个重大工程：①基础建设工程，是农业 4.0 的前提和基础，要拿出建设标准；②平台建设工程，农业 4.0 的大数据中心是神经中枢，也是聚焦产业的牛鼻子；③要素支撑工程，包括聚集和培育农业 4.0 的建设商、运营商、服务商，是农业 4.0 发展的支撑条件；④产业智能化工程主要包括种植业、畜牧业、渔业、休闲旅游业的一、二、三产业融合来提升建设，智能化改造，是农业 4.0 的重要研究内容；⑤人才培育工程，面向政府各级工作人员、农民和新型经营主体，以及相关农业技术和农业信息化研究开发人员，开展大规模培训，提高认识、技术、应用水平，激发活力和创造性，人才是各项工作开展的根本；⑥融合发展工程，包括科技、金融、税收、政策环境改善，也是聚集产业、汇聚人才的重要动力。

5 大发展理念就是：创新、协调、绿色、开放、共享，这 5 大理念要作为 5 大法宝，渗透到农业 4.0 的各项工作中，深入践行和落到实处。

2 个结合，就是要坚持线上农业和线下农业结合、实体经济和虚体经济结合，努力形成科学合理的线上农业和线下农业的比例、结构、层次和规模，实现全息化经营。

4 个全面，就是通过农业 4.0 的建设，要全面完成农业转型升级、全面实现农民富裕，全面建成美丽文明乡村，全面提升农业竞争力。这是农业 4.0 建设的根本目标。

第二节　主要技术路线

根据各地区农业发展现状和任务布局，在规划发展的时序上，按照启承顺序安排先导发展期、主体发展期和覆盖发展期三个阶段，总体承前启后顺序，但在起步时间上有一定的承延、交叠关系。

一、先导发展期——农业 2.0（2015 ~ 2020 年）

"互联网 +"现代农业建设取得明显成效，农业农村信息化水平明显提高，信息技术与农业生产、经营、管理、服务全面深度融合，信息化成为创新驱动农业现代化发展的先导力量。在现有农业信息化建设基础上，升级完善实现农业 2.0 基础设施，应用效果显著的现代农业示范园区、现代农业产业园区和现代农业家庭农场，开始探索实现农业 3.0 的路径，总结经验，树立类型多样、模式先进、成效明显的示范区。东部地区和农业信息化建设有良好发展基础的地区，率先进入农业 3.0 的试点和建设，探寻农业 3.0 的路径，为中部和西部地区的发展提供成功经验。

到 2020 年，掌握一批重点农业信息化领域关键核心技术，优势领域竞争力进一步增强，农业信息技术水平有较大提高。农业生产经营的数字化、网络化取得明显进展。重点农业行业的农药、投入品、物耗及污染物排放明显下降，劳动生产率、土地产出率、资源利用率得到明显改善。农业生产智能化水平大幅提升，农业物联网等信息技术利用率达到 17%，经营网络化水平大幅提升，农产品网上零售额占农业总产值比重达到 8%，农村互联网普及率达到 52%。

二、主体发展期——农业 3.0（2020 ~ 2050 年）

承沿农业 2.0 示范区，优先发展示范区周边产业基础良好、特色明显的区域，发挥各省市建设现代农业的积极性，大力调动社会资本进入，利用市场化机制推动建成若干有代表性农业 3.0 的综合示范区。东部地区在完成农业 3.0 路径探索的基础上要逐步开展农业信息技术的全面、集成、融合应用，中部有条件的地区也将逐步进入全面集成融合应用阶段。

到 2050 年，“三农”整体农业信息化应用水平大幅提升，创新能力显著增强，新一代信息技术与农业的全面、集成、融合应用迈上新台阶。劳动生产率、土地产出率、资源利用率明显提高，发达地区的劳动生产率、土地产出率、资源利用率达到国际先进农业国家水平，依托农业物联网、云计算、大数据等信息技术，我国农业重新回到世界农业的制高点。形成一批具有较强国际竞争力的跨国农业公司和农业产业集群，在全球农业产业价值链中的地位明显提升。农业生产信息化集成应用水平大幅提升，农业物联网等信息技术集成利用率达到 80%，经营全系化水平大幅提升，电子商务零售额占农业总产值比重达到 85%，农村互联网普及率达到 100%。

三、攻坚发展期——农业 4.0（2050 ~ 2070 年）

按照全覆盖的要求，深挖后发地区的资源特色和优势，集中人力、财力、物力，通过政策倾斜的方式，采用对口帮扶、资源注入、联动发展等措施，加快中西部区域、少数民族地区农业 4.0 的整体建设，最终实现全国农业 4.0 全覆盖的发展目标。

到 2070 年，我国农业全面进入农业智能化、无人化、虚拟化阶段，彻底解决制约农业生产的环境、劳动率、资源利用率和土地产出率的问题，我国农业大国地位更加巩固，农业综合实力引领世界农业，建成引领全球的农业智能技术体系和产业体系。农业生产将按照个性化需要的质量、数量和规格智能化生产，智能化利用率达到 100%；农业经营网络化，虚拟化、个性化的电子交易率达到 100%。

第三节　对策与措施

农业 4.0 的培育、发展与推进实施是一项系统工程，为了迎接农业 4.0 时代的到来，需要各级政府、电信行业、IT 企业、农业企业、农户、新型农业经营主体、农业科研院所和高校等部门通力合作、共同发力。本节从组织与机制创新、强化支撑与完善保障、资金投入与政策保障等几方面论述了农业 4.0 实施的保障政策需求。

一、组织与机制创新

（一）加强领导组织

要制定国家农业 4.0 远期发展规划，建立专门工作机构和专家咨询机构，发挥电信运营商、金融机构、农业企业、供销社等多主体的能动性和创新性，统筹协调相关部门，明确责任分工，形成工作合力。近期，即 2020 年前（第一个百年前），各级政府有关部门要把完成农业 2.0 规划的任务、实现农业 2.0 规划目标和实施农业 2.0 规划工程作为保障农业供给侧改革、促进农民持续增收、打赢脱贫攻坚战、推进农村经济社会可持续发展的重大举措。各级农业部门要切实担起牵头责任，协同相关部门建立联席工作机制，明确负责机构和人员，制定工作方案，细化政策措施，及时商讨解决现代农牧业发展过程中面临的重大难题，联合制定都市型现代农业发展的专项政策，统筹协调推动重大工程的实施，确保农业 2.0 规划落到实处，共同推进农业 2.0 规划的实施。实施农业 2.0 规划成果考核及动态监测，研究制定实施意见和具体工作方案，把各项任务落实到年度计划中，加强对实施的综合评价和绩效考核，切实把规划落到实处。充分发挥专家咨询委员会的作用，为决策和实施提供支撑。同时布局与制定农业 3.0 的中长期发展规划，以及农业 4.0 的远期发展规划。

（二）提高思想认识

农业是全面建成小康社会和实现现代化的基础，推进农业 4.0 是顺应信息经济发展趋势、补齐“四化”短板的必然选择，是全面建成小康社会、实现城乡发展一体化的战略支点，对加快推进农业现代化、实现中华民族伟大复兴的中国梦具有重要意义。各级农业部门和参与各方要抓住千载难逢的历史机遇，充分认识到农业 4.0 在推动农业转型升级、实现“四化协调”方面的重要性和艰巨性，切实增强责任感使命感。同时，要贯彻落实新发展理念，增强跨界融合创新的互联网意识，积极争取当地党委政府和有关部门的支持，充分调动企业主体和基层农民的积极性和创造性，把互联网作为推进“三农”工作新的驱动力，加快互联网与产业链、价值链和供应链深度融合，驱动农业“跨越发展”、助力农民“弯道超车”、缩小城乡“数字鸿沟”，加快推进中国特色农业 4.0 建设。

（三）完善产业链利益联结机制

利用期货、现货两个交易平台，大力发展农业农村电子商务，完善物流网络体系，鼓励龙头企业资助订单农户参加农业保险；鼓励龙头企业采取承贷承还、信贷担保等方式，缓解生产基地农户资金困难；引导龙头企业创办或领办各类专业合作组织，鼓励龙头企业采取股份分红、利润返还等形式，将加工、销售环节的部分收益让利给农户，引导龙头企业在贫困地区建立生产基地、联办合作社、投资人股，与贫困户建立利益共享、风险共担的合作机制，带动贫困农民发展特色优势产业，创建有机、绿色、无公害的农畜产品品牌，为农业 4.0 时代到来做好准备。

（四）加快培育新型主体

按照“举龙头、建园区、强基地、带农户、促效益”的原则，加快培育专业大户、家庭农牧场、合作组织、龙头企业等新型经营主体，形成龙头企业带动合作社和大户，合作社辐射带动一般农户的一体化格局；赋予农牧民对承包土地、草牧场占有、使用、收益、流转及承包经营权抵押、担保的权能，进一步完善土地和草牧场流转制度，支持经营权在公开市场上向专业大户、家庭农牧场、合作社、龙头企业流转，发展规模经营，加快构建以农牧户家庭经营为基础、合作与联合为纽带、社会化服务为支撑的立体式复合型现代农牧业经营体系；大力推行“公司＋基地＋农户”和农超对接、农社对接、地产农畜产品直销店等产业发展模式；加大招商引资力度，大力发展农畜产品精深加工和储运业；推进品牌战略，充分利用农牧业资源优势和发展潜力，加大对品质好、规模大、效益高的农畜产品利用信息技术的扶持力度，提高市场占有率和知名度。同时，加大品牌宣传、开发力度，建立品牌激励、培育机制。引导新型经营主体围绕“品种、品质、品牌”做好文章，积极参与国家级、自治区级名牌农产品创评活动，增强农产品市场竞争力。为农业 3.0 时代和未来的农业 4.0 时代做好准备。

（五）鼓励组建联盟搭建多层次平台

鼓励组建农牧业产业化龙头企业联盟，加强行业自律，规范企业行为，服务会员和农牧户。建立健全农畜产品生产信息收集和发布平台，无偿为龙头企业的生产经营决策提供所需信息。建立农牧业产业化项目库，与龙头企业动态监测相结合，鼓励运行良好的龙头企业扩大生产经营规模，进一步完善技术创新机制，重点进行企业技术和新产品的开发，不断提高产品质量和科学技术含量，使企业逐步成为拥有自主知识产权、有较强竞争力和较高创新能力的农牧业企业。

二、强化支撑与完善保障

（一）加强农业服务体系建设

加快构建以公益性推广机构为主导、其他服务组织广泛参与的“一主多元”农业服务体系，健全、完善县、乡、村三级信息服务体系；加大对基层农业信息服务站实用人才、专业合作社组织领办人、农牧民经纪人和种养大户等培训力度，实现规范化县级农业信息服务体系改革与建设项目全覆盖，着力解决智能化、无人化种植和养殖的问题；创新科技服务方式，培育科技创新和推广技术团队，广泛推行乡村信息服务站（示范小区）、专家大院、科技特派员等形式，推广“专家＋农技人员＋科技示范户”的工作机制和“包村联户”等服务模式，以重点为农业龙头企业、农民专业合作社做好技术服务为突破口，强化新技术集成、配套和示范推广工作，提高新技术、新成果、新品种、新材料的覆盖率和转化率。推进农业快速进入 3.0 时代，并对未来的农业 4.0 时代打好基础。

（二）推进完善基础设施

推进完善电信普遍服务机制，加快农村信息基础设施建设和宽带普及。加强现有信息采集网络的硬件设施配备，实现设施设备的升级换代。按照共享共用、协作协同、分工分流的原则，推进建立完善的智能化数据采集渠道和监测网络。强化云计算基础运行环境，提升通过传统方式和基于互联网等现代方式采集、处理农业农村大数据的支撑能力。

（三）完善技术支撑

选择重点领域，加大财政资金投入力度，引导社会资本进入，有计划地组织实施农业 3.0 重大工程，重点推进农业物联网、电子商务、大数据、综合信息服务等领域的融合创新。建立一批农业 3.0 示范工程，使农业传感器、无线传感网络、智能控制终端等物联网技术和装备成熟化，加强数据挖掘、关联分析、知识发现等大数据技术在农业中的应用。加快推进农业数据采集、交换、共享，农业物联网传感器及传感节点、通信接口、平台，电子商务分等分级、产品包装、物流配送，信息综合服务技术规范等标准体系建设，充分发挥信息技术在向传统农业渗透过程中，对土地、资本、劳动力、市场、生产工具和信息等农业资源要素的重新配置和重组，进而实现种植业、畜牧业、渔业、农机、农产品加工和农业科教这六个行业的在线化、数字化和标准化。可在部分有条件的地区探索农业 4.0 的初步方案，开展部分前沿性探索。深入贯彻国家信息安全战略，加强网络与信息系统安全基础设施建设，强化重要信息系统和数据资源保护，落实农业信息网络安全的责任，提高网络和信息系统的防攻击、防篡改、防瘫痪、防窃密等能力，切实保障信息安全。

（四）强化质量安全保障

加快建立农畜产品质量标准体系，大力推广绿色生产技术，强化农牧业面源污染治理，大力实施养殖场清洁工程；健全、完善质量安全监管、检测体系，加大农畜产品质量安全检测和执法力度。对生产基地实行农畜产品产地编码制度，对绿色农畜产品实行市场准入制度；积极开展农畜产品质量追溯管理体系建设，落实从田头到餐桌的全程监管责任；积极鼓励和支持龙头企业、农畜产品基地、专业合作社申报.品”认证，培育、发展特色品牌。加强对无公害农畜产品基地、绿色产品的监督管理，开展全程跟踪调查和标识管理，推行绿色农畜产品定点销售制度，鼓励创办绿色农畜产品专销点和专柜，逐步推行市场准入制度。健全、完善基层重大动物疫病防控体系，强化预防免疫和生产、屠宰及流通环节的检疫监管。加速推进农业 3.0，为农业 4.0 时代的到来奠定良好基础。

（五）加强人才培养

制定新型农民和农村实用人才奖励计划，充分利用各类培训资源，加大专业大户、家庭农场经营者的培训力度，提高其生产技能和经营管理水平。鼓励龙头企业通过“流动工作站”“专家服务站”“人才培训学校”等形式，对高素质、高技能的农村实用人才加大开发投入，建立政产学研用结合的人才培育孵化平台，聚集和孵化涉农创新型人才。优先保证对农业创业投资人才、经营管理人才、专业技术人才和农村实用人才等的经费投入，设立涉农人才培养和开发专项资金，确保各类人才培养和开发工作稳定发展。为农业 3.0 培养产业人才，加速推进农业 3.0，为农业 4.0 时代的到来打基础。

（六）开展理论研究，构建农业 3.0、4.0 新生态

农业部门要组织相关的科研机构、大专院校开展农业 3.0 和 4.0 生态研究，准确把握各地农村的特点、农业经济的特点，准确把握农业 3.0、4.0 时代的特点和发展趋势，积极构建农业 4.0 新生态；研究适合各地实际需求的农业 3.0、4.0 时代的发展模式和商业模式。加强现代市场理念、现代市场模式、现代农业科学技术、现代化的管理方式的培养，逐步让品牌、标准化的理念普及到农民。

三、加大投入与政策集成

（一）建立农业 3.0、4.0 投入的长效机制

加强与立法机关和有关部门的沟通协调，推动农业农村信息化相关

法律法规制修订工作，建立依法促进农业农村信息化发展的长效机制。按照总量持续增加、比例稳步提高的要求，不断增加在设施农牧业、品种改良、科技推广、体系建设、质量安全和基础设施等方面的信息化投入。各级农业部门要会同相关部门，制定完善规章制度，正确理解农业 4.0 的技术、资源、行业、环节体系、模式、机制六维度的相互作用关系，积极出台配套政策，最大限度减少事前准入限制，破除行业壁垒，为农业农村信息化提供良好宽松发展环境。按照“统筹安排、分类实施、各尽其责、各记其功”的原则，整合农牧业直接补贴类、基础设施建设类项目资金，避免重复建设，使资金形成合力，发挥投资的最大效益。构建完善的农业信息消费补贴政策体系，积极探索面向农民的信息补贴政策。建立农业农村信息技术标准化体系，夯实信息系统互联互通基础。农业部在制定相关政策时，对试点省份优先考虑、予以倾斜，支持试点省份开展试点工作。

（二）创新资金投入体制机制

按照总量持续增加、比例稳步提高的要求，不断增加互联网农业小镇的资金投入。市、县区两级财政每年的支农资金依据财力增长和支出需求逐年增长，强化资金保障。探索建立“政府引导、社会多元投入”的可持续发展机制，创新融资模式，积极规范引导社会资本参与互联网农业小镇建设，按照“谁投资、谁管理、谁受益、谁负责”的原则，吸引社会投资，鼓励和支持非公有制经济等各种经济成分参与互联网农业小镇的建设。设立互联网农业小镇发展奖励基金，对龙头企业、合作组织新上项目、晋等升级、品牌打造进行奖励。

（三）加快金融产品和服务创新

金融部门要发展可循环使用信用额度、季节性收购贷款，实行灵活的贷款期限。发展保单、仓单等质押贷款，推广温室等地上物、土地承包经营权、草牧场承包经营权、林权、商标权、知识产权、股权抵（质）押贷款。加大政策性金融部门对农牧业产业开发和农村牧区基础设施建设中长期信贷支持。农村牧区金融部门规定支农比例，中长期性贷款比例，农牧业产业化中小企业的贷款比例。开展多种形式的银企对接活动，积极争取金融部门对科技含量高、市场潜力大、经济效益好的农畜产品龙头企业和合作组织提供信贷支持。通过农户联保、公务员担保和企业联保等形式，扩大信贷规模。探索组建市级农牧业投融资担保公司，发挥政府投资的杠杆作用，放大政府资金的规模效益，撬动银行资本，通过担保、贴息等方式，解决农牧业贷款难、利息高的问题。鼓励支持企业上市融资或发行债券募集资金。

（四）统筹利用国际国内两个市场、两种资源

统筹利用国际国内两个市场、两种资源是我国实行对外开放的重要经验总结，是发展现代农业、保障国家粮食安全和主要农产品供给的必然要求。充分认识统筹利用国际国内两个市场、两种资源的重要性，充分把握“一带一路”发展的有利时机，在扩大农业对外开放过程中，扬长避短、趋利避害，扩大开放领域，优化开放结构，提高开放质量，进一步拓展农业对外开放广度和深度。不断完善农产品进出口战略规划和调控机制；加强国际市场研究和信息服务；强化农产品进出口检验检疫和监管；引导外商投资发展现代农业；实施外资准入和安全管理制度；积极实施“走出去”战略，统筹开展对外农业合作，逐步建立农产品国际产销加工储运体系。

第十四章　甘肃智能农业发展现状及展望——以白银地区为例

本章根据甘肃白银地区农业信息化发展现状作出分析，提出未来白银地区智能农业建设的对策结论。

第一节　白银地区智能农业发展现状

一、白银地区农业概况

白银市位于甘肃省中部黄河上游，目前辖白银，平川两区，会宁，靖远，景泰两县。全市总人口 176.57 万人，其中农业人口 127.07 万人，占总人口的 71.9%。银河农业主导黄河的灌溉。它占西瓜表面积的 31%，产生 80% 的食物。全市粮食总产量连续 12 年保持在 50 万吨以上。在黄河灌区，高效农业的主要区域是沙漠中的经典和兴店，主要是种植农业和立体种植。复合生态农业生态农业，干旱半干旱山区小杂粮等绿色农作物已初具规模。特色支柱产业较快增长。大力发展农业产业化，引进新的农业技术和新产品，推进总膜面积 63 万亩的水土保持总面积。推广 3012 亩示范日光温室稻秆生物反应器技术。农业增加值 60.2 亿元，粮食总产量 88.42 万吨，肉类产量 10.8 万吨。禽蛋产量 14100 吨，产奶量 56600 吨，农民人均可支配收入 6470.7 元。全市土地面积 3173.75 万亩。耕地面积 452.13 万亩。其中：水田 4.96 万亩，旱地 447.17 万亩（15 度以上土地 129.73 万亩，25 度以上土地 29.9 万亩）。旱地有梯田 200.7 万亩，可耕地 68.92 万亩，耕地 623.1 万亩，沟壑 16.21 万亩。果园面积 19.59 万亩（灌溉面积 8.09 万亩）。森林面积 307.24 万亩（灌溉面积 5.72 万亩）。有效灌溉面积 140.25 万亩。保灌溉面积 111.83 万亩。

白银市作为资源枯竭型城市之一，由工业向包括农业在内的各种业态或新业态转型，粮食作物、经济作物、蔬菜瓜果种类齐全，枸杞、大枣、羊羔肉、黑瓜子、小杂粮等优质农特产品种类丰富，是白银市经济的主要支撑和农村居民重要的经济来源。白银市是重要的农产品、蔬菜瓜果的批发、销售市场。靖远县被誉为“陇上江南”“陇上蔬菜之乡”，耕地面积 111.8 万亩。会宁县被命名为“中国小杂粮之乡”和“中国肉用羊之乡”。

不仅白银管辖内的县农业发展较好，白银市农业发展也具有一定规模，白银市蔬菜种植面积有 32.0 万亩，已建成并投入使用的蔬菜标准化示范园有 8 个，畜禽养殖场 500 多个，玉米、马铃薯这两种主要的口粮作物种植面积共达 170 万亩，也是甘肃省农产品的来源之一。

二、白银地区农村信息化服务平台建设

2016 年由白银市政府牵头建设了白银市农村综合信息服务工程，该工程围绕农民需求为出发点，以生产生活要素为核心，政府引导企业加强农民服务为根本，建设四级服务体系，创新农村综合信息服务运营模式，全面提升农村信息化服务水平。

（一）农村信息服务系统

建立了以农村村务和农民便利为主的城市农村信息服务体系。实现全市涉农信息交换共享，基于市建平台，建设基于云的县级信息发布平台，提高农村信息服务覆盖率？，同时建立乡镇级两级农村信息服务站（点），为农村信息服务提供畅通渠道，逐步解决农村信息服务最后一公里问题。大力开展乡村信息传播，并根据乡镇，村委会和村民的具体情况，设置触摸屏和配电箱。为农民群众提供便捷的信息服务。此系统可面向农业企业（生产型、流通型）、农户及基层政府，结合产业特点应用需求，整合和开发面向产业链的服务链和专业信息服务系统的一般信息服务系统；在信息资源数据库和综合信息服务平台的基础上，依托各涉农部门，可以开发多种公共信息服务系统，为公众提供信息服务；它可以整合当地粮食作物，畜禽，水果，茶叶，石油，蔬菜，水产品，棉花，中药材等专业信息服务系统，提供专业信息服务。可集成本地粮食作物、畜禽、水果、茶叶、油料、蔬菜、水产、棉麻、中药材等专业信息服务系统，提供专业信息服务；支持米网、猪网、果网、种网等特色产业信息服务系统的服务功能；利用触摸屏（或电脑），在乡（镇、街道）或村（居）进行自助查询。查询内容自动调取服务器数据。

（二）专业信息服务系统

集成本地粮食作物、畜禽、水果、茶叶、油料、蔬菜、水产、棉麻、

竹木、中药材等专业信息服务系统，提供专业信息服务；支持米网、猪网、果网、种网等特色产业信息服务系统的服务功能；在全市范围内，建设综合统一、资源集中的专业信息服务系统，以农产品产销信息服务为核心，以农商企业、普通农户为主要服务对象，突出农商合作和整合资源的特点，帮助全市农产品产销信息服务由分散走向集中、由自发走向协调，真正成为农产品产销方式变革升级的依托，成为促进地方农业经济持续、快速、健康发展不可缺少的基础环境。平台的建设将以“农商合作、互惠互利、产销两旺”为目标，产销信息对接的主体是郊区的农产品加工龙头企业、标准化生产基地、专业合作组织等，以及城区的农产品需求企业等。通过农商之间、城乡之间、产销之间的制度化衔接措施的落实，让生产者与商业经销者和消费者，遵从市场规律，加强合作，加强联系，互利互惠，促进产销两旺。借助专业信息服务系统，实施特色农产品“走出去”战略，力促本地农产品走向国内外市场，解决各类地方特色农产品买难卖难的问题。集成本地粮食作物、畜禽、水果、茶叶、油料、蔬菜、水产、棉麻、竹木、中药材等专业信息服务系统，提供如农资管理、生产技术管理、销售管理等系列的信息服务。如农资管理可针对目前农药、化肥、种子、农机等生产资料种类纷繁复杂的情况，为用户提供生产资料购买的指导。管理平台效性强、容量大、覆盖面广，用户只需要通过一个网络平台且就可以不限时间、不限场地，不限人数和商品数量等来深耕生产资料的供求关系。

（三）农情农商服务系统

通过建设农信服务平台，重点对接农情服务与农村特色电子商务，逐步普及先进的涉农信息资源，准确推送农业资源环境动态信息，及时采集、发布农产品价格信息，促进农业增产增销。包括两个重点内容，第一，加强产品信息分析预警，主动把相关信息推动给农民，让农民及时把握价格变化与市场趋势，引导农民合理调整产业结构，主动规避市场风险；第二，扩大农产品网上营销，依托网站，积极引导和鼓励各级各类农业市场主体，建立相应的物流渠道与网上营销机制，促进特色农产品的网上营销，推动白银优质农产品与市场的有效对接。

（四）农业商业信息系统

提供信息发布功能，对静态和动态信息进行权限控制，信息发布功能有严格的操作流程控制，如编辑，校对，审核和发布流程等。此过程可以由系统管理员的用户自定义。提供一个交流平台，以促进农产品买卖双方之间的交流。为买卖双方提供促销和相关信息展示区域，以发布和查看流行信息。提供信息查看和业务交易管理功能。提供供求双方信息管理功能。提供帮助支持中心为系统用户提供帮助。提供信息发布功能，对静态和动态信息进行权限控制，对信息发布功能进行严格的操作流程控制，如编辑，校对，审核和发布等。此过程可以由系统管理员的用户自定义。运营商可以在后台输入不同类型的产品信息；普通会员在注册后也可以发布既定类型的产品信息，经管理员审核后可以在网站上发布。

（五）农贸物流服务系统

农贸物流服务系统利用物联网技术和信息化手段，通过电子商务高效集约的流程再造，实现信息流、物流、商流、资金流“四流合一”，支持“仓配一体化”的农贸物流仓储配送体系建设，培育白银市第三方共同配送企业，积极推动邦农快件处理中心建设，支持社区开设网络购物投递场所，优化物流配送布局，整合物流资源，推进农村电商进城，实现“网货下乡”和“农产品进城”双向流通。完善城市农贸物流配送中心，整合万村千乡市场工程商品配送及快递企业发展草根物流，通过农贸物流信息的共享，提高农贸物流双向流通的效率，节省农贸物流双向流通的成本，推动农产品流通、农产品批发市场信息化和农村物流体系建设。

（六）基础设施和配套设施平台

基础设施和配套设施平台是农产品物流发展的硬件基础和条件。包括低温仓库，冷藏车和公路，铁路，机场，配送中心，供应商和批发交易市场。以此平台为支撑，形成支持农产品生产，分销，加工和销售的综合基础设施体系。

（七）惠农资金监管平台

惠农资金监管平台根据国家强农惠农政策的实施规范，实现惠农资金发放流程自动化，实现了惠农资金多级汇总分析、分级查询统计及多种组合综合查询方式。通过平台监督强农惠农政策不折不扣地“投”到基层、“补”到农户，使各项惠农政策宣传进村入户，家喻户晓，增加政策落实的透明度通过建立“前期预防”“中期监控”“后期处置”三道防线，推进惠农资金监管工作更趋规范化、制度化、科学化。

惠农资金是指中央、省、市、县安排用于农村经济社会发展的专项资金，主要包括农村公路修建、基本农田建设、农业综合开发、农村饮水安全、沼气建设等农村基础设施建设资金，粮食直补、农资综合直补、良种补贴、农机具购置补贴等涉农补贴资金，种植业、养殖业项目资金，扶贫、救济、农村五保供养、农村低保、危房改造资金，退耕还林等生态建设资金，农村劳动力培训资金及用于农村教育、卫生、文化、科技事业发展的资金等。

惠农资金监管平台应包括：项目管理模块、项目资金管理模块、资金的拨付模块、资金汇总对比模块、项目资金查询模块等部分。开发惠农资金监管系统，将资金运行的每一个环节都设计到软件之中，通过软件生成相应表格，将重点环节设计为必填项，为惠农资金监管搭建平台，为资金使用全程监管提供技术保障。

该平台通过电脑系统将纪委、惠农部门和各乡镇“三级”之间的数据进行链接，相关惠农单位根据系统固定模块和表格要求，及时将惠农项目名称、项目金额、资金到位时间、发放与拨付金额等内容进行录入并上传至数据库，纪委监管中心通过网络便可对其进行实时监督。

（八）农技业务服务系统

农技业务服务系统依托宽带、移动通信网络和农技宝平台为农业主管部门(管理者)、农技专家（农技员和专家）及农户（普通农户和大户）提供的一套满足农技推广交流互动、推广服务管理等应用需求的综合信息服务。通过农技宝业务，管理者与农技专家之间、管理者和农户之间可以利用手机、互联网等手段，方便快捷地实现通知公告、日志管理、农户圈、通讯录、农技知识、12316 移动坐席等农技推广信息的服务。

利用农技业务服务系统开展远程培训，把培训内容以文本、图片、动画、音频、视频等多媒体元素形式添加到网络平台上的相关专题中，能够充分发挥网络的开放性、交互性、共享性、超媒体、大容量等优势，使受训学员利用网络资源进行学习，主动地进行知识重构，为学员创设一个复杂、有效、互动的沟通的学习环境，利用农技业务服务系统开展远程培训，使广大的农民都有机会得到相关领域专家高水平地指导和培训，实现培训规模效应。满足以下功能：可利用远程教育系统开展远程培训；支持把培训内容添加到网络平台的相关专题中，使受训学员利用网络资源进行学习；可进行相关领域专家在线交流。

三、白银农业信息化体系建设现状

截至2017年9月白银市累计建成2880个2G基站、2195个3G基站和2140个4G基站，实现主城区、重点乡镇4G信号全覆盖。城域互联网出口带宽360G，无线通信网络行政村覆盖率达到100%，无线4G网络行政村覆盖率达到97%，固定电话、移动电话和有线宽带用户、光纤到户覆盖用户量持续增加，全市共有固定电话20.55万部，移动电话148万多部。

2018年3月底，全市共有69个农村信息服务站、470个信息服务点，包括5个县（区）级电子商务服务中心，60个乡镇级电子商务服务站，168个村服务点（贫困村78个服务点）每个站点都是设有专门办公室，配备一台电脑计算机、一台电视、2组货架、一张办公桌。每个信息服务站投资3万元，每个服务点投资2万元，总共投资6000万元，争取资金600万元。网络覆盖561个行政村，其中212个贫困村实现网络覆盖。每个站至少有一名信息技术员。实现了每个行政村一名信息服务人员。

2017年底，全市共有电商企业216家，涉农企业924家、网店（微店）4306个，全市电子商务网络零售额达到6亿元，同比增长40%，全市农村网络交易额达到2.28亿元，同比增长47%。白银市建有470个村级信息服务站（点）。

市政府通过与电商及企业合作，联合建立白银市电子商务、现代农业信息化专业技术人员的教育基地，严格按照专业人才培养制度通过与实际工作结合、专业理论与实际操作技术、市场的运行和政府机构的合理引导等有秩序的结合的基础为原则，组织电子商务/农业信息化等专业技术人才培训。提升电子商务技术人员的技术性，多样性和专业性。结合省委组织部，省商务厅和省扶贫办，电工培训了数千人，并组织了一批村委会一人一人培训项目，自 2015 年以来，全市已培训了 1 万多名电子商务人员。

四、白银地区农业信息化发展环境

与中国农业信息化发展较为完善的城市相比，白银市仍处于初级阶段。目前由政府各级涉农部门、农业龙头企业、协会、农业示范园区、种养大户等单位组成的农村信息化网络使农产品销售的范围扩大，不再是自给自销的市场经营模式，但由于农户的积极性不高、操作不会等原因对网站的利用效率不高，且耗费资源、资金多，大部分农业生产中从种植到包装销售阶段，信息化技术利用率都很低。农业信息服务平台的宣传和业务培训力度使得银地农业信息化发展缓慢。近年来，白银地区围绕智慧城市和信息惠民试点项目建设，统筹协调，积极谋划，强化措施，全力落实，组织实施了白银市农村综合信息服务平台建设项目。近年来，全市各级各部门把电子商务作为农业信息化发展的重要抓手，紧紧围绕农业信息化发展的重点任务，实现了三个目标。它着重于行政推广，网上商店服务，网络商品供应，物流配送和人员培训这五大系统。统筹农村电子商务，城市电子商务和跨境电子商务一体化发展。取得初步成效。

第二节 白银地区智能农业发展对策及建议

一、充分发挥政府在农业信息化发展中的主导作用

农业信息化是由跨部门，跨行业，跨地区，多元化的业务技术组成的系统化项目。一方面，政府在农业信息化建设中的主导作用主要是通过制定各种农业信息政策，明确农业信息产业的意义，目标和发展重点来实现的。通过制定农业信息化发展的优惠政策，鼓励农民发展农业信息产业为发展重点。另一方面，政府在农业信息化建设中的主导作用体现在农业信息服务基础设施建设上。农业信息化建设是一项历史悠久，资金投入巨大的社会福利项目，无论建立各级信息中心，为保持农业信息网络的正常运行，投资所需资金非常大。没有政府的财政支持，农业信息化建设就很难继续。因此，在协调各方需求的基础上，政府应尽可能增加对农业信息化的资金投入。着力支持农业信息基础设施建设，农业生产和市场监管信息服务，农业电子政务建设。同时，优化农业资金投入结构，增加农业信息服务资金。要创新投入机制，引导各类金融机构加强对农业信息化的金融支持，加大对农业信息化相关基础设施项目的信贷支持力度。鼓励和引导IT企业和农业企业等社会力量投入农业和农村信息化建设，在政府的引导下建立广泛的社会力量参与机制。充分利用现有的科研院所，中介组织，运营商，龙头企业和大型养殖户的工业信息化条件和社会力量。推动农业信息化发展，形成政府主导，全行业实施，各类市场参与者广泛参与的多元化投入结构。吸引更多的资本参与者参与农业信息化信息平台建设。

二、大力加强信息化基础设施建设

大力加强信息化基础设施建设是实现农业信息化的重要的前提条件，是一项复杂的系统工程。实施信息化基础设施建设，必须加快推进互联

网、电信网、广电网在农村地区的融合，提高宽带普及率和接入率，提高农村有线电视入户率，实现无线通信信号的全覆盖。通过近年来的不懈努力，白银已经实现了电话村村通，手机信号也已覆盖全境，各县区近 50%的行政村接通了有线电视信号。但目前大多数的互联网只能通到乡镇，通到村庄的互联网数量很少。因此在信息的传播上，要充分发挥电信、广播电视等通讯企业的信息传输作用，在农村地区大力发展广播电视和电话等通讯工程，特别是有线电视网和电话线的铺设应该加强。充分利用广播、电视、电话等便于利用的传统信息传输方式普及农业科技知识，传播市场信息，使广大农民通过有线电视同轴电缆或电话线上网，充分利用信息量大、快捷检索的网络获得各种信息。重点建设一批云计算基础设施，鼓励电信运营商，第三方数据中心和行业信息中心之间的合作，自主开发云计算关键技术和解决方案。促进传统信息基础设施同计算模式的转变，并提高基础设施资源使用效率。然而，根据目前的情况，随着人们开发智能手机，人们获取信息的方式也发生了变化。农村也更是人手一部智能机，不一定非要通过计算机来获取信息。在增加信息化设备的同时也应该针对手机用户制作一些信息上传、发布的 APP 平台，这样可以更加方便快捷地走进农户的生活中。

三、有效促进传统信息媒体与新型信息媒体的深度融合

在利用好传统信息媒体的同时，要充分发挥新型信息媒体的信息传播作用。随着 IT 技术的发展，Internet 等新兴媒体不断出现并逐渐向农村延伸。在这种情况下，应当充分发挥各种媒体的优势，在充分开发和利用新兴媒体的同时，还要整合好传统的农业信息媒体，建立起高效的农业信息服务系统。调研发现，电视仍然是农村第一信息传输媒体，农民对电视信息的信任度也较高，农民每个月只需花上 10 元左右的费用就可以收看几十个频道，电视在为农民提供新知识、新技术等方面发挥了重要作用。在受众面如此广的基础上，政府完全可以加大对电视的投入力度，大力开发相关农业电视栏目，在自办节目中加大制作农业信息的节目源，让农民能够通过电视获取所需的农业信息。在以手机为代表的现代移动通信飞速发展的今天，应该更加注重新技术的应用，在进行农业信息传递时，手机以其灵活的使用方式和高拥有率发挥了重要作用。电信企业要司推出诸

如“农信通”等产品，让农民每天收到由电信企业发送的天气预报、防治病虫害方法、灾害天气预警等信息，为农民提供更便捷、更有效的信息服务。

四、加大农业信息资源整合力度

综合信息主要针对现有信息资源，一般集成在不改变原有信息资源的数据结构和组织的情况下。为了改变农业信息质量差，数量少等现状，有必要加快农业各相关部门农业信息资源的整合，完善农业信息共享机制。建立统一标准，结构合理，实用性强的大容量农业信息数据库，以满足农民对农业信息的需求。建立统一的农业信息化平台，将各涉农部门的网站资源、信息资源、技术资料等整合到该平台上，以减少重复投资。建立规范的农业信息收集和发布机制，协调各有关部门积极提供涉农信息，利用好一线信息员，收集具有地方特色的第一手农业信息，共同建立综合农业信息数据库，组织和组织农业信息资源。加大农民最关注的农业信息和资料的整合力度。同时，重新审视好信息，打击虚假信息，提高农业信息资源的可信度，确保农业信息的实用性和及时性。这使得农业信息真正成为农业生产，管理和营销的指南，更好地为农业发展服务。充分利用高科技资源，通过云计算模式在农业信息网站之间建立资源共享空间，通过云计算技术实时获取农业信息。大大满足用户的信息需求，降低运营成本，提高利用效率。

五、尽快建立引进和培养人才的长效机制

重点培育高素质人才队伍，适应农业信息化工作发展的需要。有必要选择和培养农业信息工作部门的农业信息专家，选拔科研教学，管理，农业企业专家，教授等农业信息分析和农业信息服务专家队伍。来自生产者和操作者的广泛的农业信息人员的选择和培训。通过组织研讨会，培训班等，开展项目业务培训，建设责任心强，素质高，知识结构合理的农业和农村信息化工作队伍。为农业和农村信息化建设提供人才支持。

目前白银地区农业生产活动大多数以中老年人为主，大多数是小学文化程度，思想认知上达不到新时代的要求，一些先进便捷的信息手段也没有被合理利用。没有人才再好的设备都是空谈。目前在白银各县区承担农

业信息收集管理的信息员大部分是初中毕业，文化水平较低，不能很好地完成信息的收集和管理工作。而农业信息化是一项复杂的、涉及领域众多的学科。农业信息化建设迫切需要一大批既懂得现代信息技术，又懂得农业科技和生产经营管理的复合型人才，为了更好的发展农业信息化，必须加大对农业信息化建设中所需要的各种层次、各种类型的专业人才的引进和培养力度。一是吸引优秀青年农民返乡创业。更加优惠的政策、看得见的收入、良好的工作环境，是吸引各方面优秀人才加入到农业信息化建设队伍中来的基本条件。要下大气力创造有利条件，吸引包括应往届大学毕业生在内的农业科技人才、计算机网络技术人才、经营管理方面的人才到农村来，到农业信息化建设的第一线来，共同筑就白银市乡村振兴的信息梦。加快农业信息人才培养。一方面结合本地实际情况对农民进行培训，比如在有条件的农村进行远程教育或者短期培训，普及计算机应用基础和农业信息检索与服务等方面的知识；另一方面依托农业广播学校的农村广播、电视远程教育培训网络加强对农村基层信息人员和文化程度较高的农民培训，从而带动整个农村农民的整体素质。

六、深入探索“电商＋专业合作社＋快递”等现代服务模式

大力发展电子商务、农超对接、直供直销、连锁经营等现代流通业态，着力搭建农产品网上交易平台。做到“一通网、一网通”的物流建设，EMS、申通、韵达、圆通等快递公司进驻该县部分乡镇。随着互联网的发展，农产品流通方式已从传统的市场、实体店向电子商务和网店发展，运输方式也由铁路、公路运输向快递发展，加快了“互联网＋”特色产业扶贫步伐。

七、努力构建现代农业经营体系

一是实现行政村农民资金互助合作社全覆盖。通过建立农民资金互助合作社，为社员提供存款、贷款、结算等业务，有效解决农民发展生产经营贷款困难的问题。二是以新型农业经营主体和农业合作社的带动促进农业发展。采取政府扶持、招商引资、激活民资、市场运作等多种办法，大力扶持带动能力强、成长性好的农业产业化重点龙头企业，扩大生产规模，延伸产业链条，研发新产品，提高附加值，提升农产品加工增值水平

和综合效益，促进“互联网+”特色产业扶贫效果。通过对本地龙头企业的大力扶持，促进公司与农户之间的合作共赢关系。三是规范农民专业合作社的发展。发展农民专业合作社有利于促进农村综合改革，更好地解决农业投资机制，规模经营，集体经济管理和农村基层组织等问题。要因地制宜，充分利用区域传统优势、资源优势，围绕特色优势产业和主导产品，通过“政府+企业”模式、“科技园区+示范区+辐射区”模式、“农技专家+农民”模式、“农业远程诊断系统”等方式，科学选择农民专业合作社的发展项目和发展方向，努力营造农民专业合作社良好的发展条件和政策环境，促进农民专业合作社的健康发展。进一步整合已有的农民专业合作社，建立规范德运作机制，对社内农户的生产活动统一规划、具体指导，对农产品销售统一组织、统一发放、统一价格，对合作社运营统一管理、统一要求。

八、积极主动发展农村电子商务

农村电子商务包括农产品网上交易和农民消费网络化等，他们主要是依靠农民利用互联网进行的生产经营以及消费活动。政府在促进农村电子商务发展中的关键作用主要是指导，支持和监督的作用。发挥指导作用，加大政策制定力度，优化环境，促进电子商务知识的发挥；发挥政府支持作用，加大信息基础设施和硬件设施建设力度，改善农村网络环境，引导农村电子商务物流体系建设；要发挥监管作用，政府必须加强对电子商务市场的监管，加大对网络安全的监管力度，加大对各种病毒和木马的防范力度，为农民创造安全的网络环境。

农村电子商务是一种基于网络的新型商业活动。在农村电子商务业务发展中，电子商务公司应该关注以下几个方面：一是建立基于平台的电子商务公司，在互联网上建立农产品交易和服务平台，方便农民了解农业政策的好处，掌握新技术，促进买卖双方的交易。二是打造服务型电子商务公司，为乡镇企业和农民提供电子商务应用服务。例如，为乡镇企业网站的建设和维护提供技术支持，为农民在互联网上开设店铺，提供店内标准店铺促销的设计。三是互补电子商务公司的发展，具有区域特色的乡镇企业，利用现代信息技术，引入网络营销手段，一些企业仍然使用传统的营销方式来完成，有些服务可以通过互联网来实现。

九、大力推动信息技术在农业生产中的应用

利用信息技术改造传统农业，是发展农业的必要选择，也是实现农业现代化的必由之路。白银地区发展现代化农业，可以积极推动信息技术在农业生产中的广泛应用，利用物联网、3S、3G 等现代信息技术，提高农作物的单位面积产量和农产品质量，为白银地区农业社会经济发展提供助力。对于温室大棚则可以通过农业自动化技术来实现温室的控制，对温室作物生产全过程实现自动检测、记录、统计、监视、报警等功能，实现农业增产农民增收。

十、加大农业信息化宣传力度

充分利用电视、广播、手机、网络、报刊等媒介宣传农业信息化建设工作，加强宣传力度，引导农民加强农业信息化建设重视程度。改变农民头脑中根深蒂固的旧观念，树立起新的思想观念，使其能够及时地通过新知识和新技术提前预知市场动向，降低进而消除农民的盲目跟风现象，合理规划产业发展，及早搭上农业信息化快车，创造更多发展机遇，增加农民收入，振兴乡村经济。

参考文献

陈韵秋 .2019. 智能农业检测系统的研究与设计 [D]. 淮北：淮北师范大学 .

初洪龙 .2014. 基于物联网的智能农业大棚的研究与实现 [D]. 大连：大连理工大学 .

胡轶楠 .2016. 基于智能农业的测土配方施肥决策支持系统研究 [D]. 长春：吉林大学 .

季媛媛 .2017. 基于嵌入式技术的智能大棚监控系统设计与实现 [D]. 武汉：武汉工程大学 .

李圣华，肖传辉 . 2011. 基于物联网技术的智能农业系统设计 [J]. 科技广场 (07)：73-75.

彭改丽 .2012. 物联网在智能农业中的应用研究 [D]. 郑州：郑州大学 .

濮永仙 .2016. 物联网智能农业系统在瓜果生产中的应用研究 [J]. 科技广场 (01)：92-97.

瞿韬 .2014. 智能农业平台开发 [D]. 杭州：浙江理工大学 .

孙忠祥 .2017. 基于设备云平台的智能农业温室大棚远程监控系统的实现 [D]. 哈尔滨：哈尔滨理工大学 .

覃梦甜 .2014. 基于物联网的智能农业系统运用 [D]. 武汉：武汉轻工大学 .

王冬 .2013. 基于物联网的智能农业监测系统的设计与实现 [D]. 大连：大连理工大学 .

王盼 .2017. 智能化农业监管系统的设计与实现 [D]. 哈尔滨：黑龙江大学 .

王睿旭 .2018. 物联网智能农业系统的设计与实现 [J]. 南方农机 (24)：147-148.

王亚娜，杨启志 .2019. 面向智能农业装备的农机类人才培养路径探究 [J]. 中国农机化学报 (05)：211-216.

王玉洁 .2015. 智能处理技术在现代农业中的应用 [M]. 北京：中国农业出版

社：1-35.

谢铮辉，郑倩 .2019. 智能农业发展回顾及中国智能农业展望 [J]. 热带农业科学 (03)：125-133.

熊国 .2015. 基于农业物联网技术智能大棚环境监测的研究 [D]. 南昌：南昌大学 .

徐俐琴 .2019. 基于物联网技术草莓种植滴灌水肥一体化应用研究 [D]. 武汉：华中师范大学 .

徐润森，薛艳肖 .2015. 基于云计算的智能农业监控平台架构研究 [J]. 互联网天地 (03)：23-28.

杨本辉 .2017. 基于规则的智能农业大数据聚合平台的设计与实现 [D]. 昆明：云南师范大学，

翟宇 .2019. 智能农业大棚测控系统的研究和设计 [D]. 济南：山东大学 .

张华飞 .2015. 基于 Web 的智能农业远程监控系统的研究 [D]. 杭州：浙江理工大学 .

张敬申 .2015. 基于云平台的智能农业系统中第二代感知适配网关的研制 [D]. 杭州：浙江理工大学 .

章欢乐 .2018. 现代智能农业大棚控制系统设计与应用研究 [D]. 南昌：南昌航空大学 .

赵春江，杨信廷 .2018. 中国农业信息技术发展回顾及展望 [J]. 农学学报 (01)：172-178.

赵春江 .2017. 中国智能农业发展报告 [M]. 北京：科学出版社：1-9.

周炜 .2017. 智能农业大棚物联网研究与应用 [D]. 长春：长春工业大学 .